入山記

雷平阳 著

重庆大学出版社

雷平阳,1966 年生于云南昭通市昭阳区土城乡欧家营,当代诗人、散文家。出版诗集《雷平阳诗选》《云南记》《出云南记》《基诺山》《山水课》和《悬崖上的沉默》，散文集《云南黄昏的秩序》《我的云南血统》和《雷平阳散文选集》等多部。曾获人民文学诗歌奖、诗刊年度大奖、十月文学奖、华语文学传媒大奖诗歌奖和鲁迅文学奖等奖项。现居昆明，供职于云南省文联。

自序

一次次面对难以驯化的魔力，我们的祖先在迷惘之后，达成了共识：神奇的植物之上，都附有神灵或精灵。有的魔力，已经被人类所认识，但还继续困扰着其他生灵——比如，在西双版纳地区被人们称为“饿叶”的茶叶，人们最先视其为始祖或通向祖先之魂的载体，可随着宗教史、心灵史和文化史的艰辛演变，它逐渐地变成了祭品、药品、贡品、饮品和商品，仅存的“魔力”，是它那沟通灵与肉的功能，因而它仍被人们视为世俗生活中美的极致，是一种可以食用的“宗教”。然而，在人类体认茶叶所历经的几千年时光中，一个最基本的常识依然像谜一样存在：除了人，孟加拉虎、野象、麋鹿、牛、马等任何一种飞禽走兽，都对茶树视而不见，从不食用。仅仅因为它是“饿叶”？我希望谜底就这么简单。

从2000年开始，我就一直行走在盛产普洱茶的西双版纳古六大茶山上。这六座古茶山，分别是基诺山、莽枝山、革登山、蛮砖山、倚邦山和易武山。来自植物学、文化人类学、民族学和边缘政治学的诸多资料告诉我，它们是茶叶的核心发祥地，更是茶文化的“故宫”。西方的一些汉学家和经济学家认为，起始于云南澜沧江流域，沿青藏高原边缘，直达中亚并连通世界的茶叶贸易之路，是人类历史上的第一条茶路。这条茶路的开通时间，与人类的文明史同步，远远早于一些普洱茶专家测定的1 700年。因为此路状若一张长弓，所以被命名为“茶文化之弓”。从此弓发射向世界的茶品，历来都是紧压茶，紧压茶的祖先是竹筒茶。依此观念，在黑夜中摸索的茶叶史学家们所说的紧压茶工艺来自中土的论调，显然是走上了迷途。

西方的中世纪，有一幅“半人毒参茄”画像，源于人们对“毒参茄”这种植物的理解和利用：毒参茄的根，晒干之后可以雕刻成人偶或其他图腾，佩之于身，是护身符，能护佑爱情与财运。但通常情况下，晒干后的毒参茄根，往往都被卖给了巫婆和炼金术师，以作迷药的原料。而实际上，被刻成护身符或被制成迷药的毒参茄，仍然是少部分，更多的则被采摘者偷偷放入食物，自己吃掉了，因为他们比谁都清楚毒参茄的功能。

有时候，我也觉察到了文化学领域内“毒参茄现象”的存在。这种现象本无可厚非，如果说一部人类文明史，就是一部人类对致幻剂孜孜以求的历史，那我们这些秦始皇和徐福的后人，还有什么可苛求的呢？清醒和理性，是需要代价的。著名的迷药曼陀罗草，你用刀锋探之，它就会发出哀叫，刀锋无损，可那些听见哀叫的人，却可能一生都为神经错乱所困。

我着迷于普洱茶，乃是倾心于它那无出其右的品质，孕育了世界茶文化史而又几千年隐身于滇土的操守，以及它与茶山民族之间神鬼莫测的生死关系。所以，我弯下了腰，尽可能地贴紧一座座茶山。根本用不着无病呻吟，一切正好相反，人们眼中的人间天堂——西双版纳，当我靠近它时我才发现，这是一片苦难深重的土地。与其他土地不同的是，这儿的每一寸土，只要你让它荒着，它就会在你的梦没有做完之前，长满茂盛的植物，借以湮灭种种哀痛。茶以苦味渡天下，普洱茶之苦，更多的是那些一代代守护在茶树脚下的民众的生命之苦。从碑文内容鸡零狗碎的茶案碑到人鬼分家的司杰卓密；从起始于茶客的攸乐起义到一个个灭绝于瘟疫的寨子……我之所见、所闻、所想，只是力图从个人的视角，绘制一幅流着血泪和茶汁的茶山画卷。

原计划只写古六大茶山，后来又加入了布朗山和南糯山。布朗山基于布朗族文化，南糯山则基于僾尼人文化和其在现代普洱茶历史上的开辟性地位。如此，或许要圆满一些。至于书名曾取《天上攸乐》，是因为基诺山古称攸乐山。“攸乐”词意不错，若取之“天上基诺”，意思就偏了。基诺，基诺语，汉译“舅舅的后代”。

雷平阳

乙未春重修于昆明

目录

南糯山记

一

西双版纳旧称车里。清朝初年冯甦《滇考》："车里，在八百东，即古产里。汤时以短狗、象齿为献，周公赐指南车归，故名曰车里。元兀良台戍交趾，经其地，降之。至元中，置彻里路。明改车里军民府，寻升宣慰司。永乐中入寇，后惧而谢罪。万历十一年，明伐缅，其酋刁糯猛使贡象，实阴付于缅。兄居大车里，应缅使，弟居小车里，应汉使焉……"关于"车里"之名的来历，道光《云南志·地理志》亦云："周成王时，越裳氏来朝，周公作指南车导王以归，故名车里。"

南诏国时期，设有金生城和银生城。方国瑜先生考证："樊绰《云南志》卷六曰：'从上郎坪北里眉罗苴盐井，又至安西城。'又曰：'眉罗苴西南有金生城。'……金生城，疑即今之青蒲附近，在八莫北伊洛瓦底江西岸，盖金生城以产金得名，即在江边也。"至于银生城，方先

南糯山寨门

生称：“樊绰《云南志》卷七曰：‘茶，出银生城界诸山，散收无采造法，蒙舍蛮以椒、姜、桂和烹而饮之。’银生城界者，即银生节度使管辖界内，今所称云南普洱茶者，实产于倚邦、易武、勐海各地……则银生城界内产茶诸山，在今倚邦、易武、勐海等处可知也。”方先生没有明确指认银生城在西双版纳，但尤中教授的《云南民族史》一书中，则根据《南诏德化碑》所示，指认银生城就在“墨觜之乡”，即景洪一带，节度使是德化碑上的“赵龙细利”，即召龙细利。该节度之所以名“银生”，《大清一统志》卷三百七十七《山川普洱山》说：“整董井，在府城南二百五十里，蒙诏（即南诏）时，夷目叭细里，佩剑游览，忽遇是井，水甚洁。细里以剑测水。数日，视其剑化为银。”文中的叭细里，尤中先生说：“叭细里也可以写作叭细利。傣族中的地方头目称叭；王子则称召。细利其人，当其充当头目时称叭细利，一旦成了大王，便称召龙细利。”

金生城以产金而得名，银生城却无产银记载，乃是“剑化为银”，一下子就让人迷幻起来了。秘境之地，不辨东西南北，所以，这儿的头目觐见周成公，周成公还怕他找不到回家的路，命人为他制作了一辆指南车。其实，“周公作指南车导王以归”一说，同样是玄说，“指南”器具的发明，非周时所能为，乃后世为之。就算有了一辆指南车，它如何能从中土驶入“墨觜之乡”？中原入滇之“五尺道”始修于秦，且雄山大川之间，马行亦须贴壁悬空，步步生死。明万历元年，四川巡抚曾省吾携万千兵将进剿僚僰，入此路便云：“石门不容轨，聊舍车而徙”，指南车在此，与“剑化为银”同出一辙，乃是史官们面对极边之国和蒙尘的光阴束手无策而凭生的无边想象。据此，我们也就不难发现，当地图上的名字都虚幻如梦境，地理学犹如迷药的配方，穷极地端的西双版纳自人烟袅袅升空以来，除了受制于极富理想主义色彩的边缘政治（且

政治之剑大都只插向短狗和耕象等异物的心脏），更多的时候，它只是一个隐伏于热带雨林中的不为人知的自由王国。我们言必称此地的部落与王国屡屡进献于朝廷，乃是汉文化的话语霸权所致。《新唐书·南蛮传》云："大中时（公元847—859年），李琢为安南经略史，苛墨自私，以斗盐易一牛。夷人不堪，结南诏将段酋迁陷安南都护府，号白衣没命军。"明代陈文编修的《景泰云南图经志书》："至元甲戌，立彻里路军民总管府，岁赋其金银，随服随叛……其民皆百夷，性颇淳，额上刺一旗为号。作乐以手拍羊皮长鼓，而间以铜铙、铜鼓、拍板，其乡村饮宴则击大鼓，吹芦笙，舞牌为乐。"这两则典籍中，白衣没命军，飘逸出尘却又生死不顾；额上刺旗且又性颇淳且又好饮宴且又随服随叛，大有魏晋的华美风骨。字里行间，隆重举行的，一直是一场无须域外之人观赏的亦悲亦喜的旷世盛宴。叛，非叛也，乃自由的元素。

二

现在，我就站在或产里、或交趾、或彻里、或车里、或银生城的古老城邦的遗土之上，身后是集50多年心力而建起来的、崭新的景洪城，面对着的，是沉默而又动荡着的澜沧江。远处的跨江大桥，不是什么飞虹，倒像是一棵足以庇护一座寨子的大榕树，它以身躯横江，交通南北。就像大理古城总是在日斜西天之际陷入苍山的阴影，景洪城也一样可以看着秀美无极的南糯山，沿着与日行相反的方向，朝自己走过来。我最烦的电视广告：“品评黄山，天下无山”，真是一派胡言，天下无山了，黄山是山吗？一点常识都没有。没有常识，则无教养，更无敬畏。无山？珠峰是人类仰高之所；基诺山之卓杰峰，是基诺族人埋魂之地；佤山之司岗里，是佤族人悬挂万千牛头朝夕伏拜的圣地；卡瓦格博，藏族人的神山……而我现在屏息静气，欲登而又怕惊动诸多神灵的南糯山，在它的怀中，僾尼人和傣族人，死了，造一个墓穴，也必须抹平，不立什么石碑，不留什么碑文，也不堆什么坟包，是人神供奉的天堂。它山上的一棵茶树，死了，剩一洞穴，日本人和韩国人来朝拜，八百级台阶，跪拜着上去……相反，一如口出“天下无山”者，我们中间的许多人，上此山，看茶王树，脸上的汗水还没抹去，已掏出小刀，见树就刻“某某到此一游”“某某我爱你海枯石烂不变心”之类。我不是泛神论者，可当人们告诉我，山上的这棵茶王树，是孔明亲手种下的，以前，树上常有白雾笼罩，且有一条赤红巨蛇盘其上，充守护者时，我为之动容。我知道此说为虚，但我更知道，最虚之处，挺立着山上民族伟大的信仰，存放着他们不死的灵魂。

南糯山立在景洪城之西，像所有的山一样，它有峰峦、沟壑、绝壁、石头和土，但它又与有的石头山不一样，它穿着一件神赐的绿色的大袍，浑身上下，每一寸肌肤都仿佛挂着绿宝石，我们所熟知的、陌生的和知之而又未见的——两百多科、一千多属、近四千种植物，在上面繁衍生

长，它们亲密无间，搂肩搭臂，彼此深入对方的骨血，寄生者不感耻辱，供养者也不傲慢，粗高者抵天，低伏者贴地，生死由天命，谁也不争先，谁也不恐后，都是大地的毛发，所谓珍稀与滥贱，全系人之命定。每天早上，太阳出来，照耀十二版纳，也照耀此山。黄金之粉涂抹其上，一道道山梁是足金，绿被压住，斜坡和沟壑处，金粉被吞掉一半，于是有了层次。有时，白雾从箐底往上疾走，一心想跟上彩云母亲的步伐，便见闪闪发亮的雾水，将金色之光浸得湿漉漉的。白雾一般都不是整体，南糯山有多少山谷，它就有多少支温柔的队伍，琴弦似的，列于山腰至山顶的区域。如果谁能弹奏此琴，当能发出整座山的所有声音。一座山的声音，石头的声音请金钱豹代劳；泥土的声音，用青蛙之口大喊；鸟儿总是飞来飞去，它们负责转达一棵树对另一棵树的意愿，转达得好，所有的树就在风中鼓掌，转达得不好，所有树就不高兴，一抖，身上的黄叶就落了一地；风是香风，它们的任务是把樟木和檀木的馨香，一一分发给每一物种；偶尔，会有几头孟加拉虎路过这儿，它们的吼声，据说是僾尼人在密林中喊魂，当然，如此破玉裂帛之声，也有祭师用来驱邪攘鬼……

日落或雨天，南糯山就会暗下来。悬浮其上的暗色，一如罩住西双版纳的几千年光阴，让人的目光始终难以穿透。那些所谓被我们看见的，无非只是一座山的轮廓。立于景洪之边，我相信这片土地上的一切，都没逃脱南糯山之眼，可它肯定不会站出来开口说话，更不可能移位于人类学家或史学家的案头，让这些皓首穷经者按下录音键，摄取一片土地的人类成长史。谜不可解，不宜解，山川明白这一点。

三

“以改变名称来改变事物，这是人类天生的诡辩行为！”语出马克思和恩格斯的《家庭的起源》。当这些族名、寨名、郡名、节度名、路名、州名和府名一再被改变，“诡辩”所带给我们的，也许就是事物真相的一再被遮蔽。但除了依赖于“诡辩”，站在几千年光阴这一头的我们，又能出何奇招呢？特别是当我们执迷于某些真相的时候。出生于布宜诺斯艾利斯的加拿大公民阿尔维托·曼古埃尔，对此的态度是：“对我而言，纸上的文字带给世界一种连贯性。当马贡多的居民在百年孤寂中为一天降临的健忘症而备受折磨时，他们发现他们对世界的认知在迅速地消退，他们可能会忘记什么是牛，什么是树，什么是房子。他们发现，解药藏在文字里。为了想起世界于他们的意义，他们写下标签挂在牲畜和物品上：这是树，这是房子，这是牛……”（语出曼古埃尔《恋爱中的博尔赫斯》，王海萌译，2007 年 4 月，华东师范大学出版社出版）。

所以，在遍寻诸多纸上文字并力求从中找到“世界的连贯性”之后，2007 年 6 月 11 日，在我的朋友刘铖和小白的引领下，我再一次怀着敬畏之心，走向了南糯山。需要在此多写几句的是，10 日晚，为了给我壮行，我的另外一对朋友杨小兵夫妇，在景洪家中为我设宴，所有的菜肴都由小兵先生亲自下厨，包括清汤水库鱼和景东腊肉等。他知我嗜酒，备下的酒都是好酒，他因糖尿病戒酒，我和刘铖则大醉。席间，适逢其岳父遭遇车祸受伤，或许皆因我等来做客，他没到事故现场，其妻前往。虽没去，看得出来，小兵一直惴惴不安，直到妻子来电话，说伤是小伤，他才舒了一口气。

南糯山隶属勐海县格朗和乡。格朗和，哈尼语，意为“吉祥、幸福、安康”。勐海，傣语，意为“英雄居住的地方”。格朗和乡由南糯山、苏湖、帕真、帕沙和帕宫 5 个村委会组成，有 58 个自然村、75 个村民小组、

寨门口的守护者（男、女）

3 737 户人家。在 312.44 平方公里的土地上，居住着 13 822 个僾尼人、820 个傣族人、770 个拉祜族人和 390 个汉人。也就是说，在这个区域，僾尼人是主体。按照祖先的习俗，从景洪至勐海的公路中段，转入南糯山处，立有一寨门。寨门有联：“茶王根深发千年，竹筒舞响传万里。”寨门的两边，左立一僾尼男青年木雕和一条狗的木雕，右立一僾尼女青年木雕及金鸡、猫和狗的木雕。或许是因为此寨门系乡政府所立，与山上的寨门不同，它没有悬挂驱邪避污之物，更像一个入山的路标。

僾尼人系哈尼族的一个支系，古有乌蛮、和蛮、窝泥等称呼。据哈尼族口口相传，其先民原住北方江边的“努美阿玛”平原，约秦汉之际迁入云南。作为古代羌系民族的后裔，哈尼人堪称稻作始祖。国外的一些人类学和汉学学者，把云南视为稻谷的发祥地，而这些均与哈尼族血肉相关。嘉庆《临安府志·土司志》描述哀牢山之哈尼梯田：“依山麓平旷处，开作田园，层层相间，远望如画，至山势峻急，蹑坎而登，有石梯蹬。山源高者，通以略约，数里不绝。”在日本人类学家鸟越宪三

僾尼人居住的水河老寨，孩子们常把露台当成舞台

郎的笔下，更是将其描绘成一幅令人荡气回肠的古代世界稻谷传播图。在此画卷中，涉及云南先民如何驯化和培育了稻谷，然后，往南，传播至东南亚并跨越印度洋流布世界；往北，则以水路传播至中原广大地区；往西北，则甘陕；往东，则桂粤……此传播图远胜于茶叶的蔓延，对人类的贡献也更大。然而，在哈尼族的各支系中，也非所有支系均如元阳梯田的主人。乾隆《开化府志》说窝泥："多处山麓种地。"乾隆《景东直属厅志》卷三说喇乌："山居，亦务种植。"《滇南志略·临安府》说糯比："居处无常，山荒则徙，耕种之处，男多烧炭，女多织草为排。"

我不知道南糯山的僾尼人究竟是何时迁入的。尹绍亭先生的《云南刀耕火种志》："现居西双版纳勐腊县麻木树乡的哈尼族，系自江河地区迁去。1985 年笔者到该乡调查，坎落寨老人达努能背诵近 50 代家谱，并说他们过去世代保持着这么一个传统：由于经常因打猎、战争等原因而后起迁移，所以男子总是随身带着三穗小米，每到一个新的地方，就把小米种下，来年便可收获。"由此看，南糯山的僾尼人，也应从红河迁入。但道光《普洱府志》卷十七："黑窝泥，宁洱、思茅、威远、他郎皆有之。"言及之处，距勐海更近，迁入的可能性也不小。

"哈尼"，哈，飞禽虎豹；尼，女性。凭字意理解，这是一个长期因受奴役而"退居山林"的民族。尤中教授《云南民族史》："（南诏时期）最初，和蛮（哈尼）、朴子蛮（布朗族和德昂族先民）都与金齿百夷共同住在平坎区，后来，同区域内金齿百夷中的贵族势力发展了，支配了平坎区，在平坎区的那部分和蛮、朴子蛮都被迫退入山区。"金齿百夷者，傣族。从哈傣杂居到哈尼入山居住这一事实来看，符合这一事实的区域，当时的西双版纳存在最大可能性。也就是哈尼入山，或者干脆说，哈尼族人进入南糯山的时间，有可能是在南诏时期，即唐代，距今已有1 400 年左右的时间。

如果说南糯山的 12 000 亩古茶园以及那株已经枯死的 800 年树龄的茶王树，象征的是一种茶叶文明，并足以让我们揭开人类茶叶种植史的冰山一角，那么，我亦认为，哈尼人进入南糯山的时间，一定在距今1 400 年左右。为什么？诸多历史事例告诉我们，任何一种文明，尤其是山地文明的形成，若非耗费成百上千年的时光，断然难以建立。而且，每当这种文明发展到一定的高度，由于封闭，它可能再过一千年也难以朝前走一步。《后汉书·西南夷·哀牢传》及《华阳国志》中均言，在汉代，这儿的人民已经能取自然之物而成布匹，且称"蜀布"，被蜀商远销西域，出使西域的张骞都看见过。可是，两千多年过去，至中华人民共和国成立以前，这一带的发展依然极其落后。其手工业和农业生产水平仍然停留在汉代。一种文明，仿佛被放入了冰箱，或被自然之力悄悄地藏进了厚厚的冰川。当它醒来时，世界已变得面目全非。

当然，现在的南糯山，早已把自己的身躯毫无保留地展现在世界的目光之下。高速公路就在山脚下，往来的车辆足以把任何梦想带到世界的任何地方，而且这种运输的速度远非牛帮、象帮和马帮可比。开启南糯山现代之门的钥匙，它转动的时间，甚至早于其他门扉的打开。1938年，西南联大的一批师生抵达昆明，云南省府“有调查普思边地之举”，一个名叫姚荷生的清华学生，得以参加调查队且来到了西双版纳，并在之后出版了专著《水摆夷风土记》。在姚荷生的笔下，当时的勐海，已是茶的都市：“佛海是一个素不知名的新兴都市，像一股泉水突然从地下冒了出来。它出生虽不久，但是发育得很快。现在每年的出口货物约值现金百万元，在这一点上够算得上是云南的一二流大商埠了。假如我们可以僭妄地把车里（景洪）比作十二版纳的南京，那么佛海（勐海）便是夷区的上海……它是一个暴发户，一个土财主，它的巨大的财富藏在那褴褛的衣服下面。佛海城里只有一条短短的街道，不到半里长的光景……街头街尾散布着几所高大坚实的房屋，里面的主人掌握着佛海的命运，这些便是佛海繁荣的基础——茶庄。”勐海的茶业为何会猛然兴起？姚先生说：“从前，十二版纳出产的茶叶先运到思茅普洱，制成紧茶，所以称为普洱茶。西藏人由西康阿登子经大理来普洱购买。民国七年云和祥在佛海开始制造紧茶，经缅甸、印度直接运到西藏边界葛伦铺卖给藏人，获得很大的利益。商人闻风而来，许多茶庄先后成立。现在佛海约有大小茶号十余家，最大的是洪盛祥，在印度和西藏都设有分号，把茶叶直接运到西藏销售。”而小一些的茶庄，姚先生说，他们就联合起来，推出两个人负责把茶叶运到缅甸的景栋，再经仰光到印度，卖给印度商人，由他们转销西藏。勐海每年茶叶的输出额为六千至七千担，值百余万元，但花在缅印境内的运费就达四十万元（银币）左右。姚先生还说，版纳的茶叶，主要以勐海为市，主销西藏，一部分销内地的，仍然先运至普洱再转昆明。由于经济的勃兴，勐海“逐渐地摩登了”，

古茶树俨然大榕树，其树围六至七人方可合抱

不仅道路铺上了柏油，建筑了新式的医院、中学，图书馆和电灯厂也建立起来。这儿，有说汉话、穿西装、打网球、喝咖啡、喝牛奶并把子女送入学校读汉书的勐海土司刀良臣；有学识渊博但因协助车里县长筑路而被称为“夷奸”的勐海代办刀栋材；有会说英语和缅语并敢于娶顶真姑娘为妻而遭夷人反感的留学生土司刀栋柏；有边地英雄柯树勋之婿、富极穷边的群龙之首、茶商李拂一……在姚先生笔下，当时的勐海真的是洋场味十足了。

众所周知，就是在姚先生所述的1938年，代表云南省府的白孟愚和代表中茶公司的范和钧，分别把当时世界上最先进的制茶机器，不辞千辛万苦，搬进了南糯山，建起了南糯山茶厂和佛海实验茶厂。此两人都曾留洋，都是制茶大师，且都请来了当时中国最优秀的茶叶技师做助手，所以，他们入主南糯山，堪称现代普洱茶的发端，而南糯山也因此成了现代普洱茶的圣地。据很多老人回忆，范和钧执迷于制茶，白孟愚则在制茶之余，穷己之力，扶持茶农，在哈尼人中间，推进茶叶的科学种植与生产，是以被哈尼人称为“孔明老爹在世”。

被誉为“在世的孔明”，非众人拥戴不能成。孔明的地位在夷边就像神灵。民国初年，一位美国传教士名叫杨君（Mr. Young）的，在澜沧县的“倮黑人”中传教，人们置之不理。但这个杨传教士是一个绝顶聪明的人。他见人们极端崇拜孔明，便杜撰说，孔明和耶稣是兄弟，孔明是哥哥，耶稣是弟弟，信仰哥哥的也应该信仰弟弟……渐渐地，信仰耶稣的人便多了起来，以致后来，县政府召集倮黑人难上加难，而传教士一声命令，便有数千倮黑人闻声而至。县长害怕了，便请省府交涉把传教士调出了澜沧（见姚荷生《水摆夷风土记》）。一样的道理，因为白孟愚有孔明之心、孔明之行，后来，他一声令下，很多人便跟着他提枪走上了抗日的沙场。

孔明的地位，很大程度上取决于茶。很多学者把西双版纳、思茅等地的种茶史认定为1 700年左右，原因就是附会了这一地区的民间传说。孔明伐滇，时间是公元225年，也就是1 793年前。孔明为何伐滇？其意在定极边而取云南之财富，充实其军国之需，穷兵黩武。人们之所以奉其为茶祖， 我以为，此地虽早已种茶产茶，但孔明立足于经济发展，规模化地组织边地之民种茶制茶，并有意识地搭建起了茶叶的贸易平台和流通渠道。我的老家昭通，自古皆是物资集散地，自古也都流传着一句话：“搬不完的乌蒙，填不满的叙府（四川宜宾）。”同理，明代陈文编修的《景泰云南图经志书》中，载有翰林学士虞伯生为乌撒乌蒙道宣慰副使李京所著的《云南志略》写的序，其中有一句是这么说的：“诸葛孔明用其豪杰，而财赋足以给军国。”豪杰者，孟获之流也，得孟获，则得财赋，得了财赋，就可以出祁山，就可以和孙权、曹操三分天下。当然，要得财赋，理应扶持农耕、挖矿和植茶。

布朗和德昂本就是此区域中最早种茶的民族，有人助其种茶卖茶，此人能不成茶祖？布朗族传说，茶乃始祖岩叭冷遗物；德昂族创世古歌说，德昂乃“天下茶树”的子孙，茶乃圣物。哈尼人生活于布朗和德昂之间，自然也视茶为圣品，这用不着怀疑。

由孔明兴茶到范和钧与白孟愚入南糯山，上千年的风雨，茶树生死明灭，人烟几度迁徙，换了一代又一代，可山依然叫南糯，入山的门依然面对着从世界那边延伸过来的一条条道路。南糯，傣语，意为“产笋酱的地方”，让其有名的却不是用竹笋做成的酱，而是普洱茶。

四

我把整个格朗和乡均称为“南糯山”，所以，这次入山我没有再次去拜枯死的茶树王，而是取道姑娘寨，直奔水河老寨、水河新寨和曼真寨。当刘钺兄的皮卡车从高速公路转入山内，混凝土和铁栅栏便消失了，取而代之的，是树叶变成的红土、巨石变成的砂砾。路面时起时伏，山上流下来的泉水，也是路上的旅客。时有野鸡横飞，从一片树林到另一片树林，它飞至路的上空，或许有不踏实之感，却是我认定这山尚有除人之外的万千生灵的依据。从山上下来的摩托车，像金钱豹，一眨眼，就扑到了眼前，再眨眼，不见了。骑在上面的僾尼人或傣族小伙子，有的染了红发，有的手臂上刻了文身，大多数都带着女孩子。在很多人的眼中，路是畏途，可我一点也没有感到颠簸，因为我来到了泥土、石头和树木的肺腑之中，来到了泉水和空气一样干净的世界，而我要去的寨子，在云雾之中，在大树下面。寨子是人的寨子，亦是鬼神的故乡。

有几次，皮卡车驶上山峦，刘钺和小白都有意让我在那儿眺望景洪城，而我刚从城市的钢筋水泥、玻璃幕墙、汗臭、交通法规和密密麻麻的脸孔中间逃出来，虽然也想看一看囚禁过我的地方，可一时还难以谅解它、接受它。景洪，一座空气中有流水之声亦有火苗在蹿动的雨林中的城邦，它本已经是我见识过的最柔软也最缓慢的城，我爱它亦如爱我的故乡，可一旦深入大山这座自然的城府，唯有忘掉它，我才能全身心地去爱山并得到山的眷顾与同情。

水河老寨和水河新寨，原在乡政府驻地黑龙潭南面海拔 2 196.8 米的路南山上，后来国家实施整体搬迁，方得以从密林之中，移至黑龙潭坎区边缘。老寨和新寨均按传统的干栏式建筑风格建设而成，稍有不同的是，老寨的布局丢掉了随意的自然性，每一座单体建筑都服从于严格的规划，按“井”字形结构，有了处处均呈直角的街巷。由于新寨建在

北京大学人文学研究生肖志欣，为了调查僾尼家庭制度，在水河老寨长住，已学会简单的僾尼语

气象不凡的一片坡地上面，傍山而俯视长满稻子和甘蔗的田野，建筑群体大多依山势而筑，错落有致，寨子中的道路也因此具有了线条美。老寨与新寨相距两公里左右，但不知什么原因，人们很少往来，问其缘由，被问者皆避而不答。

北京大学的人类学研究生肖志欣，是个女孩子，黑龙江人，为了调查僾尼人的家族制度，她已在水河老寨居住了几个月，并且还将住下去。我和刘铖进入水河老寨的时候，她已迎至寨门口。早晨的阳光下，她戴一顶太阳帽，身穿 T 恤、蜡染的裤子，表面的符号意味着她已融入了这片土地，可我们还是轻而易举地就可以把她从这片土地中剔出来。她说：“先去我们家坐坐吧。”从寨子的街巷中走过，她频频用哈尼语与老人和孩子打招呼。据她说，到这儿来，因为没有翻译，她就自己努力学习哈尼语；因为文化部所给的资助只有 5 000 元人民币，住不起乡政府旁的小旅馆，她就住进了一户僾尼人家，住久了，也就把那家当成了自己的家，家里的人，该叫爸爸的叫爸爸，该叫妈妈的叫妈妈，哥叫哥，妹叫妹，俨然家中的一个成员。而此户人家也把女儿赶到了沙发上，腾出一个房间让她住。认识她是经一个朋友介绍，来之前，我曾给她发过短

树林中的寨子

信，问要不要帮她带些日常用品上山来，她回短信：“这儿没那么偏僻。有心的话，给爸妈带一点小礼品。”她的“家”，在寨子的中央位置，跟着她上楼，屋内有些暗，左手边是三间卧室，屋中央是火塘，火塘上挂着一个被烟熏黑了的架子，上面有竹箕，里面是一些茶，另还有葫芦等其他物件，均已被柴烟熏得黑亮黑亮的。她的爸妈都在，热情地招呼我们。妈妈正在给女儿穿戴传统的哈尼族盛装，头冠上有绒球、银饰，有五彩斑斓的、长长的流苏直抵腰部，腰带是贝壳做成的，手上的镯子是琥珀做的。那是一个漂亮、健康的女孩子，我问她：“要去见男朋友？”她只顾阳光灿烂地大笑，不答，银子般的牙齿，是天生的、最美的银饰。肖志欣说，不是去会男朋友，是要去迎树棺，寨子里一个老人死了，砍树棺的人还在山上，妹妹之所以盛装，是传统的避邪方式。

寨子距砍树棺的山腰只有两公里左右，我们才到半路，就听见“毕毕剥剥”的砍伐声从一条箐沟的密林中传出。领我们去的是一个小伙子，非常健壮，宽宽的脸庞上，似乎藏着北方祖先的影子。他几乎没有言语，脸上的黑色，似乎就是我们常常挂在嘴边的“沉默”。进入砍树棺现场的小路是新辟出来的，刀伐的灌木创口，还散发着芬芳。所谓树棺，就是把一棵最粗的大树砍倒，用最好的一截，剖成两半，根据死者身体的尺寸，砍成棺木。砍树棺的现场，有十多个人，有长者，有后生。长者都做些技术活，后生的主要任务就是挥舞着长刀，不停地砍。这棵用来做树棺的大树，原先就长在旁边十米开外，它倒下时，砸倒了一大片灌木。有一位老人，一直在用一根代表尺寸的竹子在树棺上测量，他告诉我，这棵树是山里最大的一棵了，再也找不出第二棵。我问他，如果大树都没有了，以后用什么来砍整木的树棺？他没有回应。

棺木分公母。公的在上，背部亦凿出镂空状，棺头和棺尾分别留出两根对刺状的、剑尖式的木刃，两个“剑尖”中间尚有近一尺的空隙。“剑尖”本是原木的表层，所以悬空，其下又有顺棺而成的“工”字形木格，“工”字中竖着的那笔，在两个“剑尖”对刺的空隙处，凸起一方块……各具象征性，总的来说，就是要让死者入土为安，且要让其鬼魂静处地下，不要再回寨子去吃人。我问用竹子测量棺木的那位老人，那“剑尖”是什么意思？他回答了，哈尼语，引我们上山的小伙子翻译成汉话：“鬼的生殖器。”众人闻之，大笑。母棺在下，用于盛亡者，其空落处，按人体尺寸而凿，其状如船，包括底部，亦像木船的底。这棵被凿成棺木的树，是棵老树，砍开的地方，寸寸都如上等的宣威火腿，红红的，泛着油光。我想，亡者入其腹，当是最好的归处。

母棺

公棺

在死者的灵柩前，僾尼人簸箕里只放一种祭品，那就是茶叶。每一个拜祭的人，都要抓三把茶叶撒在灵柩前

五

《百夷传》："父母亡，不用僧道。祭则用妇人，祝于尸前，诸亲戚邻人，各持酒物于丧家，聚少年数百人，饮酒作乐，歌舞达旦，谓之娱尸；妇人群聚，击椎杆为戏，数日后而葬。"这记载的是古代傣族的葬礼。与"娱尸"相似，在我的老家昭通，老人逝，称为"白喜事"，亲戚邻居亦歌舞升平，谓之"以乐致哀"。水河老寨的这场葬礼，也无僧道，有"娱尸"或"以乐致哀"的情态，人们喝酒吃肉，欢歌笑语，打牌作乐。我前往灵堂去祭奠，交5元钱给死者的儿子，上楼穿过人群，见树棺已装入亡者，上盖一竹编的篾席，静静地停放在屋子的一角。刚准备到露台上去坐坐，引我们上山看砍树棺的那个小伙子告诉我："你应该去祭一下老人。"再转到棺木前，见那儿放着一个巨大的簸箕，小伙子又提醒我，要抓三把簸箕里的东西，分别撒于棺前。光线太暗，没看清簸箕里的东西是什么，抓起来才发现是茶叶。

法国的马塞尔·莫斯和昂利·于贝尔合著的《献祭的性质与功能》一书中说："在每一种献祭中，一个祭品从一般领域进入宗教领域中，它是被圣化的……提供牺牲以为圣化物品的依者，在操作结束时被献祭者与他在开始的时候完全不一样了。他已经获得了一种在以前所没有的宗教品格，或者已经祛除了他在先前感染的不利品格；他已经将自己提升到一种体面的状态，或者已经脱离了罪恶的状态……"我所了解的献祭世界，也一如两位法国人所言，当献祭完毕，无论我们用什么物品作为献祭物，它们必将让被献祭者转入另一生命轨道，或得到神圣，或剔除罪恶，是一种彻底的超度。然而，以茶叶作为圣化的物品载体，却是第一次碰到。以此就认定茶叶与僾尼人的精神关系，本来也可以说证据充分，至少可以说明，在僾尼人的生活现场，茶叶足以让一个死者体面地安息，但我似乎又隐隐约约地觉得，这儿的茶叶，应该是礼品，让亡者带在身上，在未知的世界中旅行时，可以喝上一口。而且这茶，犹如不朽的纪念品，当亡者去了另一世界而又不能返回时，茶中自有亲人和故土。同样，佤族也有一句话：“你喝了茶叶水，你就见到了鬼魂。”鬼魂者，祖先也；茶者，通灵之物也。但佤族之语，个体性强烈，不及僾尼人以茶为祭更具包容性。佤族之茶，可使其回到祖先的身边；僾尼之茶，则有双向性，宗教意味也非常浓郁。

静静地停放着亡者的地方，楼上以牌为乐的声音此起彼伏；楼下，一头猪正被宰杀，猪血流了一地，有人以稻谷掩之，引来几十只鸡，不停地啄食。这些被血染红了的谷粒，很快地，带着猪的血和命，进入了另外一种生灵的生命。所杀的猪，因为是葬礼，不刮毛，更不去皮，一一剁成小块，分成几十份，堆在街心的芭蕉叶上。不一会儿，外姓人家来帮忙的，团团围了上来，一人取走一份。本姓人家则不取。

僾尼人的送葬

僾尼人的葬礼上都要杀一头猪，分送给来帮忙的外姓人家

树棺砍好，村里人都要去迎树棺，女孩子往往要着盛装以避邪

发白的道路上，远去的送葬队伍

六

年轻时，我读过彝族著名诗人吉狄马加的一首诗，名字叫《黑色的河流》：

我了解葬礼，
我了解大山里彝人古老的葬礼。
（在一条黑色的河流上，
人性的眼睛闪着黄金的光。）
我看见人的河流，正从山谷中悄悄穿过。
我看见人的河流，正漾起那悲哀的微波。
沉沉地穿越这冷暖的人间，
沉沉地穿越这神奇的世界。
我看见人的河流，汇聚成海洋，
在死亡的身边喧响，祖先的图腾被幻想在天上。
我看见送葬的人，灵魂像梦一样，
在那火枪的召唤声里，幻化出原始美的衣裳。
我看见死去的人，像大山那样安详，
在一千双手的爱抚下，听友情歌唱忧伤。
我了解葬礼，
我了解大山里彝人古老的葬礼。
（在一条黑色的河流上，
人性的眼睛闪着黄金的光。）

媛尼老人的葬礼，时间定在下午四点左右。盛装去迎空棺的少女们，到了送葬的时候，反倒穿起了平时的衣服。没有什么仪式，人们将灵柩从楼上搬下来，抬着，一路径直往坟山而去。直系的亲人，男的，头上扎一绺红布，在亲戚和邻居的簇拥下，跟在灵柩的后面。死者的儿子，穿一双拖鞋，背一竹篓，里面有篓筐和盛水的竹筒之类，右手提一卷篾席，左手提一竹凳和竹编的遮阳帽，其表情，似乎有悲戚之色，但又淡淡的。送葬的队伍大抵只有几十个人，没来的同寨人，或坐在自家的楼上，或坐在街边的摩托车上，有的还坐在年轻人用来谈恋爱的小楼下，静静地看着。那些坐在自己小楼平台上观看的人，就如同坐在包厢里看话剧，只见送葬的队伍，如流水一般，很快就穿过了小街的河床，从寨子的后门，往山上去。与吉狄马加笔下的“黑色的河流”不同，这只是一道波浪，而且是彩色的。他们出了寨子，就走上了一条白花花的路。路的两边均是绿茵茵的甘蔗林，风一吹，泛起一阵阵太阳的白光。

我远远地跟在后面，见几个水河新寨的年轻人骑着摩托车过来，看见送葬的队伍，便停下，直到队伍消失在岔路的林荫中，方才启动摩托车。问之，言，不来往。我没有去坟山看下葬，据说，坟是平的，上面仍可以种庄稼，多年后，埋此人之土，完全有可能埋入另一个人。不是低调，这才是真的入土，成了土的一部分。最大的禁忌是，入土时，生人把影子投入坟坑，传说这样做会被一起埋掉。

当我转回寨子的时候，寨子是空的，刚才观看葬礼的那些人不知去哪儿了。寨子的木板墙或柱子上，到处可见一些奇特的符号。亡者之家的门口，杀猪用的火还燃着，一个小伙子静静地蹲在那儿，红色的T恤衫，背上有八个字“宗申双核，赛车动力”，想必是买摩托车时厂家所赠。转到寨门处，有一公共厕所，上有两幅标语，一幅是：“家长辛苦九年，孩子幸福一生。”另一幅是：“少生奖励，夫妻受益。”往乡政府方向走，杂草丛中的一间土坯房墙上也有一幅标语：“世界再大也不怕，学好文化走天下。”

七

刘铖和小白，有事回了景洪，我一个人就在一家没有名字的小旅馆中住了下来。到吃饭的时候，同样去一家没有名字的饭馆吃饭。旅馆的主人，开了一家百货铺，门前摆一张麻将桌，从天亮到天黑，都有人在那儿打麻将，饿了，就在旁边的一个米粉铺上吃碗米粉，然后又接着打。从我住的房间往外看，可以看见竹林中的傣族寨子曼真。寨子的旁边有一水库，整天白晃晃的，风一吹，水上的光就一闪一闪的。这间房子，估计某个下乡的干部住过，电视机旁边遗下一张报纸，上面有篇文章，说的是勐海 2006 年的茶叶生产与销售情况。文章说，2006 年，勐海县有精制茶厂 82 家，产精制茶 1.3 万吨，实现茶工业产值 5.7 亿元人民币，农民人均收入达到了 1 200 多元，制茶企业上缴税利 2 500 万元，银行存款余额达 23 亿元……

从我住的旅馆走路去曼真，只要十多分钟。我没有沿着大路走过去，而是从水库边绕着过去。水库的旁边有一所中学，田径运动场上长满了荒草，旁边的一棵大榕树上，有几个疑似逃课的少年坐在上面。那真是一个天然的藏身之所，要是他们不讲话，你从树下走过，肯定不会发现他们。可以肯定，那是他们的空中乐园，在我的注视下，他们像猴子一样，从一根树枝窜到另一根树枝，轻盈、迅捷。但当我把相机镜头对准他们时，他们迅速地把屁股朝向树底，不配合。待我走远，听见他们一齐模仿做爱的声音，激情、高调、起伏有致，又不管不顾。

水库养有鱼，浮着一间微型木屋，木屋的门上伸出两个狗头，见了我，就是一阵狂吠，弄得木屋在水面上波动不止。水库边有一荒地，野草齐腰。中间有两块新垦的活土，分别插着磁卡和两把雨伞，我觉得奇怪，便拍了几张照片。远远地看见一中年男人赶着一群牛过来，我便迎上去，问他那是什么，他说："傣族人的坟。"坟也是平的，几年后，雨

格朗和中学旁的一棵大榕树上，几个少年在上面高声地模仿做爱的声音

伞破了，野草长出来，不知道有多少人还记得那下面埋着人。

早上的曼真，也是个空寨，几个着黄衫的小和尚在打桌球，另外一个小和尚骑着自行车在寨子里飞驰。

曼真寨里骑自行车的小和尚

肖志欣是那场葬礼上最忙的一个人，从砍树棺到下葬，她一刻也没离开过。至亡者入葬，她才抽身带我去水河新寨拜见寨中“贝毛”（祭师）。出所住人家家门时，又见其女儿着盛装，遂叫她们站在门前合影。那道木门，经年累月，贴满了港台男女明星的照片，不下二十张，有古天乐摆酷，有梁咏琪作淑女状，有谢霆锋一脸凶气，有郑伊健胸上文身持长刀……明星照垫底，上有春联是中国电信的赠品，联云：“万事如意全家福，一帆风顺家业旺。”印象中，明星中间，还贴了一门神，好像是关羽。家挂明星照，已成习俗之势，我到过的山野人家，莫不如此，就连新寨的“贝毛”家中，也不能免俗。

“贝毛”，60 岁左右，一脸的亲和与慈祥，见我们入其家，便招呼吃饭。他说哈尼语，与肖志欣对答，我偶尔插言，他亦能说一些简单的汉语。他的家在“寨心”的旁边，屋内格局与肖志欣所住那户人家相同，但可以明显地感觉到，他家经济条件要好得多，且非常整洁。新买的沙发靠墙而卧，肖志欣没坐，他的儿子便把沙发搬了过来，一定要她坐到那被床单罩住的沙发上。听说我们已经吃过饭，一家三口也就没多客气，自顾吃饭，饭间，“贝毛”之妻偶尔站起，为我们倒茶水，“贝毛”则拿来一盒饼干。由于肖志欣的哈尼语显然还难以和“贝毛”进行深入的交流，所以，当我们坐在“贝毛”家看了一段用缅甸语制作的卡拉 OK 音乐之后，饭后的“贝毛”取来一张自己刻录的光碟，陪着我们看。光碟的内容，关乎“相剁剁”：深夜，于寨门外杀一只山羊，置钱币等物于地上的芭蕉叶上，“贝毛”在暗光中，平静地念经。语调平缓绵长，持续时间近一个小时。内容多有重复。据肖志欣讲，关注的核心，总是生活的平安，“贝毛”口中的语词，大都是日常生活的具象。我是听天书，不知所云，只能从那暗夜、神秘的文字、山羊、沉默的围观者和偶尔闪过的亮光所共同组成的气氛中觉察到，仿佛有一股力量，在把困扰人们的鬼邪之物，往黑夜的更深处驱赶，让它们远离人居的寨子。而被驱逐者不可见，在空气中，在具体的物件上，无影无形无声，它们并不想走，所以，处于人鬼之间的“贝毛”，献之以牺牲。子曰：“祭如在，祭神如神在。”一样的道理，祭鬼鬼亦在。明代卓越的做过云南姚安知府的思想家李贽（回族人，原名林载贽，字宏甫，号卓吾，别号温陵居士，福建泉州人）在其《焚书·鬼神论》中曰：“小人之无忌惮，皆由于不敬鬼神，是以不能务民义以致昭事之勤……”说到人为什么怕鬼，他说：“乃后世独讳言鬼，何哉？非讳之也，未尝通于幽明之故而知鬼神之情状也。”不敬鬼神则不知敬畏，以为天地万物都可玩弄于股掌，类似的人不少。而人之所以怕鬼，乃心鬼作怪，人若如“贝毛”，对鬼，敬之，则可驱之。鬼之情状，几人能见？大都是心造的幻境。少年时，在老家，我的一位大爷说，以乌鸦血涂眼，就可以看到鬼的世界。他之说，属方法论，但没人敢经历，乐于心想，乐于自己跟自己的影子战斗。

“贝毛”之经，全靠口传心记，现在寨子里的年轻人，无心于此，每到夜中，便骑摩托车下山喝酒去了。他之法，相信会成绝响。由于普洱茶热销，茶园面积极大的南糯山，茶农收入颇丰，是以多数的年轻人都购置了摩托车。据交警部门的朋友说，近来在僾尼人中发生了两场“决斗”事件：为了得到一个女孩子的垂青，两个年轻人，骑车来到高速公路上，分立 100 米左右的路的两端，加足马力，狂飙一样对撞……

从“贝毛”家出来，夜已深，“寨心”广场亦黑黝黝的。从新寨返老寨的道路两旁，萤火虫跟天上的星星一样多，像寂静世界舞台上的布景，至于上演的歌剧，来自青蛙。可以想象，在青草和甘蔗林中，肯定聚集了全世界的青蛙，它们一起鼓着腮帮，拼命地高歌。送肖志欣返家，其家对门的一户人家，有人吹笛，有人唱歌。歌不是什么古歌，而是《边

肖志欣与所住人家的女儿合影

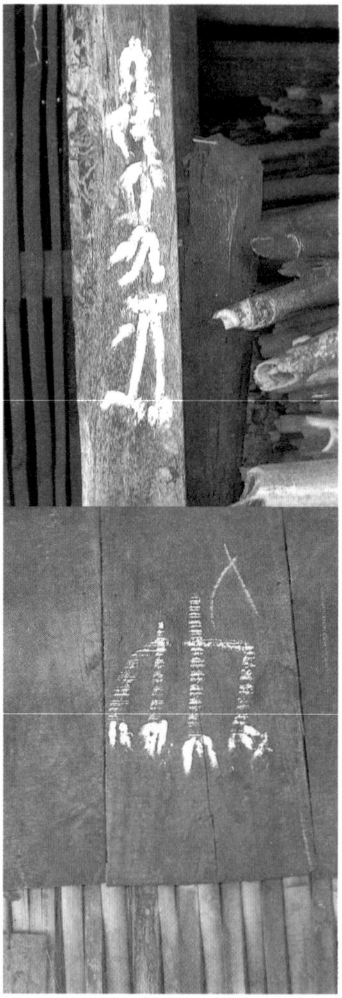
偻尼寨中墙板上神秘的符号

疆的泉水清又纯》之类。唱什么歌属次要，触动我心的，是这样一种劳作之后的家庭生活。它远了，远如传说，是夜，却让我在水河老寨遇上，仿佛看见我那去世多年的老外婆，一头银发，笑盈盈地又回家来了。

九

离开南糯山的时候，我又在其寨门前踟蹰了很久。这个哈尼语称“勒坑”的地方，仿佛一个世界的出口和入口。类似的寨门，南糯山有很多，但规模稍小，却更直接。比如一男一女的木雕，在山上是裸体或以男女生殖器代之，在这儿却是盛装。寨门分三种：前门，全寨活人进出的圣门和净门；后门，死人进出，通向山野；侧门，家畜及因事故而死者进出，乃不净之门。正门的门顶横梁上，端坐木雕鸟阿吉，它是天神的坐骑，是寨神降临的象征，能拒恶灵于寨门之外。之所以立狗之木雕，他们认为：“狗血淋洒之处，即是人鬼的分界线。”在他们的文化谱系中，人鬼本是双胞胎兄弟，但人鬼不和，见面就有争斗，为了平息事端，天神摩咪拉下夜幕遮住了他们的眼睛，并趁机将他们分开，划地为界。也因此，僾尼人忌生双胞胎，一旦生了就被视为恶灵，溺婴，并将其亲人赶出村寨，以火焚其屋，一年之内，不准与寨人交谈。

关于寨门，门图和高和所编的《僾尼风俗歌》中有《寨门神献词》：

哦，神圣的寨门神，
今天是老扛阿培（竜巴门节），
是个吉利的日子，
我们用新鲜猪血，
我们用喷香的米酒，
祭祀你……
哦，吉祥的老扛然明（寨门女神），
威严的老扛然优（寨门男神），
你们是山寨的卫士，
你们是山寨的眼睛，
你们有无比的神力，

你们有非凡的智慧，

你们有超人的胆量，

你们替嘴玛（寨主）守寨门，

你们为山寨驱鬼邪。

因为有了你，

山寨才会安宁；

因为有了你，

五谷才会丰登，

六畜才会兴旺……

寨门上有九个台阶，

台台上面都有猫狗虎豹站立。
门柱边挂着木刀木枪和梭镖，
神男神女两边站，
把不幸和灾难挡在门外，
将吉祥和如意送进山寨。
哦，神圣的寨门神，
威严的寨门神，
你是一棵参天大树，
不会在旱季里枯死；
你是一块巨大的磐石，
不会在狂风大浪前动摇。
鬼神在你面前却步，
病魔在你面前低头。
哦，神圣的寨门神，
威严的寨门神……
但愿你不要让我们失望，
这是嘴玛的吩咐，
这是寨人的祈求。

寨门旁的木雕男女，更多的是利用人形的树丫，顺自然之势而雕成，基于生殖与繁衍，突出男女生殖器，有的甚至将男根和女乳涂成红色。也有寨门，男女木雕并排而立，互执对方的性器官。至于木雕交媾者，也有。

据说，每年樱桃成熟的时候，就是僾尼人立寨门的时候。寨门竖起，在肃穆的气氛中，参与之人，都要气沉丹田大喊三声："杀！杀！杀！"杀什么？杀寨门之外的辽阔世界上的鬼。我所面对的这个寨门，已不是传统文化的那一类，它立着，只是一个象征。难道说，每年的九月驱鬼，当人们挥舞着用木炭画满咒符的木刀，在"贝毛"的率领下，满寨作砍杀状，赶出来的鬼，也敢从此经过，一路地走到世界上去？

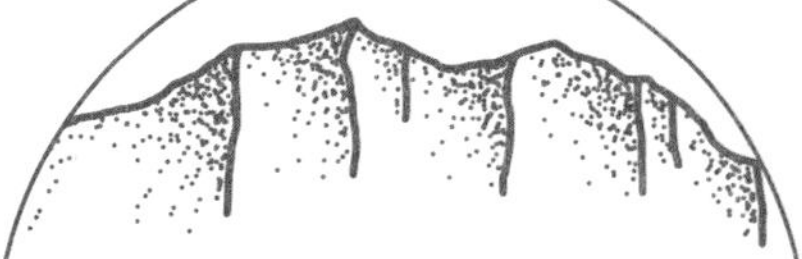

布朗山记

一

李贽的《焚书·琴赋》：“《白虎通》曰：‘琴者禁也。禁人邪恶，归于正道，故谓之琴。’余谓琴者心也，琴者吟也，所以吟其心也。人知口之吟，不知手之吟；知口之有声，而不知手亦有声也……”七年时间过去了，我至今不忘2000年春天造访布朗山时，在班章村听人弹月琴的景象。那是一个月光照白了万物的晚上，几个来自异乡的茶农，喝了一点酒，脚下有些虚飘，抱着月琴，踉踉跄跄地来到勐海茶厂的班章基地，在一块空地上，开始了弹奏。如果所有的艺术形式都将借助于艺术家的意识性幻想和超意识幻想方能感知现实时空与彼岸时空的各种关系，并在作品中表达出来，让其永久留存，那么，我所看见的弹奏则仿佛天生，“艺术家”只是这种“天生之物”连接世界的载体，甚至，他们乃是月琴和乐音的一个组成部分。在这儿，不仅有口之吟口之声，手之吟手之声，我所看见的弹奏者，头发、眼睛、耳朵、鼻子、嘴巴、喉结、手、胸膛、臀部、脚、衣服，以及看不见的体内之物，全都介入到了弹奏和妙音之中。他们甚至调动起了月光、清风、土地上的尘土和四周的林木，让月光有了旋律，让清风灌满了火焰与流水，让尘土具有了梦幻，让林木学会了瞬间的快速生长术，那一股不可捉摸的力量，让伟大的群山也乐于成为他们的舞台，主动伏下挺拔的身躯，供其跳跃、腾挪、扑击。或舒慢；或寂静；或石破天惊；或将身体中的骨骼绷得咔咔直响；或让血管对接上清泉；或把舌头交付给夜鸟掌管；或将肺腑之门打开，钥匙是祭献台的牺牲，放出一只只孟加拉虎、麂子和马鹿；或齐刷刷地把脊梁对着天空；或齐刷刷地跪倒在一根小草面前；或齐刷刷地大声哭泣；或齐刷刷地大声狂笑；或气若游丝；或模仿鬼神说话；或以玉米和茶树的模样贴着地皮……如果说有一种纯洁等同于婴儿，有一种圣洁接近于经书，有一种开辟或说疯癫无异于魔鬼，我想，当它们汇聚在一起，有些艺术的巅峰之上，永远是巫的领地。我不迷信那些阳光灿烂、始终昭示未来的梦想之书，在我的琴弦上，跳跃或葬身的，从来都是人类无力破解的自然神力和生死迷局。

同行的人告诉我，这些弹奏月琴的人，不是布朗人。他们演唱和弹奏的，也不是布朗人的音乐，他们的弹唱方式，更不知来自何方。但可以确定的是，在弹奏到东方破晓、太阳取代月亮之时，他们最后弹奏的是一首古老的佤族祭拜土地神的歌：

寨子里伟大的社神啊
寨子外圣母一样的河灵
白露花已经开白了山坡
我们要播种了，撒下小米
种下稻谷，让它们进入泥土吧
让他们在岩石上面也能发芽
山雀飞来，请你遮住它们的眼睛
松鼠跑来，请你捂住它们的嘴
籽种也会疼啊，籽种也会哭
我们敬奉的神明啊
别让山雀和松鼠把它们吃光……

从夜幕初上，弹奏到天地初分，他们中的每一个人，都像拧紧的发条或一如鬼神附体，弹之，歌之，舞之，收放自由，人琴一体。身体的每一个器官均是那么鲜活、敏锐，都仿佛是在为石头、植物、兽灵或其它物种代言。有拙朴、粗俗，有通灵、出尘，一种罕见的忘我和无畏与另一种常见的卑微和赤诚，死铁般地结合在一起，让人感到，类似的弹奏，是人、鬼、神一起完成的，尽管他们无意以鬼神的方式表达自己。途中，屡有人弹断琴弦，他们又在黑暗中，熟练地换掉，退出与重新加入，不

留一点痕迹。

我亦无心知道弹奏者来自何方，所以，七年前我也没问。我只知道，在我的地图册里，这些人，应该制成图例，注明在布朗山上。今天，他们弹奏的空地上长满了灌木，他们提着酒和月琴消失的那条小路，已经不在了，那儿全栽满了茶树。我肯定也不会再碰上他们，1 016 平方公里的布朗山，收藏几个人并让其他人永远看不到，那不是难事。

二

车出勐海，一路南行，穿越的是辽阔的象山、勐混坝子。道路的两旁，刚刚栽的稻秧，正由黄转绿，在此艰难的复活期，很难听到上万亩连在一起的、疯狂的生长之音，田野的每一寸，都在承受土地强大的催生托力，仿佛每一棵秧苗的根上，都有一股绵绵不绝的真气在注入，都有一双神灵之手在呵护、挺举，而这些新移来的秧苗，它们还没有适应新土的温度和性格，一如进到了后娘之家，远远还没有喘过气来，远远还没有来得及适应更具爆炸力的关爱。它们有些手足无措，慌乱而焦虑。显而易见，同样具备繁衍蛮力的风雨，正如天上悬垂而下的舷梯，希望它们尽快成活，由舷梯登堂入室，成为热带雨林绿色大家族中不可缺少的成员。一边是在下的力量拼命催促，另一边是在上的呼唤紧锣密鼓，秧苗夹在中间，既担心自己的成长不够粗壮、结出的谷粒不够丰硕而有愧于后娘之土，又害怕上下两方的力量太过于猛烈，自己细小的生命经不住折腾。可事实上，谁都明白，在西双版纳，任何一种生命都可以繁茂地生死，且生死途中，又每时每刻都因为自然神力的强大而充满了隆重的仪式感。所有的焦虑均是徒劳的，西双版纳也不会因为你的焦虑而停下自己不顾一切向前的步伐。所以，在我的印象中，在这儿，一块土地，只要你让它荒着，不到三年，它就会还给你一片森林。人的力量算什么，人的力量无非就是竭尽全力地不让土地荒下来。所以，这些复活期的秧苗，它们的黄，乃是谷粒之黄的提前彩排。

秧苗一个季节的命运，类似于布朗族人几千年的命运。这些文献中所称“百濮”的后人，与佤族和德昂族同源，数代之间，中土人士称其为苞满、闽濮、濮、尾濮、文面濮、赤口濮、木棉濮、濮曼、朴子蛮、望蛮、濮蛮，等等。在族源上，他们属孟高棉族群，有别于南迁而来的北方氐羌系统的民族。

氐羌民族系统中的僰人、昆明人和叟人，大多数居住在更靠近云南中心的地带，而布朗族、佤族和德昂族等，则居穷边，文献中找不到他们从北而来的记载，只有他们继续往南移至中南半岛的只言片语。赵瑛所著的《布朗族文化史》云："历代封建王朝的压迫和剥削，或因民族矛盾或因统治者采取强行移民政策等诸多因素，遂引起濮人举族南迁。"那些迁至中南半岛的濮人，"先后建立了林阳、直通王国（今缅甸境内，以孟人为主）、扶南（今柬埔寨，以孟高棉为主）、罗斛、得楞、顿逊、盘盘和赤土等国。"尤中教授的《云南民族史》亦云，公元前 2000 年，中国西南地区，尤其是云南，居住着众多的孟高棉部落群体。在公元前 2000 年末，大部分孟高棉的部落已经南移至中南半岛。春秋战国时期分布在云南南部和西南部的孟高棉系统的部落群体，是没有向中南半岛南迁而仍然留在云南境内的一部分。据此，我们也就可以得出这样的结论，布朗族、佤族和德昂族等族，同系"百濮"，乃是世居云南的土著民族，是纯正的云南人之根。

令人扼腕的是，南迁与不迁，相同的"百濮"，却创造了不同的"百濮文化"。南迁者开疆立国，湄公河两岸建起了以吴哥窟为代表的旷世文明；留于滇土者，因云南本就是国之边，其所居之处又是云南之边，至民国时期，仍锁身于山林，一如生活在人类的童年期，始终卡在厚土与世界的召唤之间。

然而，物极必反。也许正是基于这种几千年的隐居，他们才得以真正意义上地食百草、知百味，成了世界上最早种植和享用茶叶的民族，成了世界茶叶史上站立在源头的不朽的群雕。岂止于普洱茶，由于他们脚下的土地就是世界茶叶的原产地，所以，人类所消耗掉的茶叶，第一张叶片，就是他们的祖先采摘下来的。我非常赞同美国汉学家艾梅霞《茶

布朗族山寨

叶之路》一书的观点，茶叶源起于云南的澜沧江流域，且在2 000多年前就已传播到中国各地。与此同时，这一区域的人民已将紧压茶，沿青藏高原边沿，直抵河西走廊，运至了中亚地区，亦运至了西藏。这条茶路，被称为人类历史上的第一条茶叶贸易之路，因路形像弓，亦称“茶文化之弓”。艾梅霞女士不解“百濮”，称茶出于傣，这与一些写普洱茶书的人，把傣族迁移至西双版纳或孔明伐滇的时间指认成普洱茶历史发源的时间所犯的错误是一样的。因为他们都不知道这片土地上还生活着更加古老的民族，而且是茶之始祖。至于砖、饼、沱等普洱茶外形，人们亦认为始于明代的军屯、民屯和育屯，即从外界传入，事实上，这也经不起推敲，因为作为砖、饼、沱祖先的竹筒茶早已有之，且明代张岱的《夜航路》云：“蜀蒙山（蒙舍）顶上茶多不能数，片极重，于唐以为仙品。”唐代已成片，且重，且被视为“仙品”，因此明代之说，值得商榷。

三

当文献中找不到有用的资料，转身过来，我们却看见了“百濮”的创世古歌、祖先歌和俚语。在德昂族的创世古歌《达古达愣格莱标》中，人们唱道：

天地混沌未开，
大地一片荒漠。
天上有一棵茶树，
愿意到地上生长。
大风吹下一百零二片茶叶，
一百零二片茶叶在大风中变化，
单数叶变成五十一个精悍小伙，
双数叶化为二十五对半美丽姑娘。
精悍的小伙都挎着砍刀，
美丽的姑娘都套着腰筐。
他们战胜了洪水、大火和浓雾，
他们战胜了饥饿、利剑和瘟疫。
大地明亮得像宝石，
大地美丽得像天堂……

我没有查找到佤族有关茶叶的古歌，只见到这么一句：“你喝了茶叶水，你就看见了鬼魂。”在布朗族的神话传说中，其始祖是叭岩冷，叭岩冷死后化为神灵，对其子民说：“我留牛马给你们，怕它们遇到灾难就死掉；我留金银财宝给你们，怕它们不够你们用；我留茶树给你们，子子孙孙用不尽……”于是，叭岩冷往众山之上手一挥，茶种纷纷入土。其《祖先歌》唱道：

叭岩冷是我们的英雄，
叭岩冷是我们的祖先，
是他给我们留下了竹棚和茶树，
是他给我们留下了生存的拐棍……

德昂族之歌，说的是人生于茶，茶树是人的祖先；佤族人说的是，茶叶通灵，饮其水，就可以看见祖先；布朗族则强调茶生于始祖。三者都把茶和祖先连在一起，尽管这不具备文献价值，却足以说明布朗等民族种茶饮茶的历史无比久远，且对茶无限的尊崇，茶情之深，等同于祖先。赵瑛和尤中教授都言，“百濮”在公元前2000年以前就生活在这片产茶的土地上，如果当时他们就种茶，该地种茶史当在4 000年以上。

四

七年前上布朗山，勐混、班章和老曼娥至乡政府勐昂一线，只有一条荒废的旧道，荆棘丛生，飞机草比人还高；勐混、弄养、戈贺、曼囡和新竜至勐昂一线，是沙石路。我们走的是后一条，91 公里，越野车跑了近四个小时。不过，在我的眼中这并不是什么极限之旅，一切正好相反，这根本不是在挑战我的意志，而是我乐于接受道路与车辆对抗所产生的每一次震荡、斜滑和抛锚，因此而产生的每一刻停顿，都被我视为布朗山对我的挽留。而且，正是因为缓慢，在勐混的田畴之间，那些曼妙出行的傣族少女，让我见识了一种陌生而又动人心魄的美，宛若一缕缕香魂，来到了阳光下。她们与竹楼、凤凰竹、大青树结合在一起，就连插在头上的塑料花，也能飘散出奇异的芬芳。我从来都怀疑这一民族来自异方的民族学观点，真的想象不出来，天下还有哪一方乐土能像西双版纳以及德宏州这样，把她们的美凸显得如此地彻底。也正是因为汽车一再地拒绝加速，在曼囡，我第一次领教了什么叫原始森林，品种繁多的冲天巨树配以无孔不入的灌木与藤条，使这大地的一角，变得异乎寻常地难以捉摸，是渊薮，亦是日渐荒芜的世界之肺。看不见鸟的翅膀，听得清鸟的叫鸣。噢，天啊，所谓昆虫，多得只有上帝才能数清。它们中的一只，张开嘴，叫一声，就算贴在你的耳朵上，你那被汽车喇叭声震坏了的耳朵，肯定也听不见。可问题是，那一天，我的耳膜几乎被它们震破了。

每见树丛中露出寨子，寨子的最高处就有一座黄灿灿的缅寺，在距寨子不远的路上，你也就会碰上对汽车声充耳不闻的黄牛群。开辟出来的田地中央也照例会有一两个窝棚，有人或者没人。那些新开的荒地是大火烧出来的，一人难以合抱的一棵棵黑色树桩旁，细胳膊细腿地生长着玉米，而坡地尽头的灌木丛中，被弃的圆木正等待着腐烂，它们中的任何一棵，都比我老家的房梁还粗。人们获取食物的方式真的太奢华了……

那一年上勐昂，下山走的却是老曼娥和班章一线。徒步过班章，有茶农用大大的编织袋装茶在路边卖，30 元左右一袋，没有人要。谁也没想到，七年之后，最好的班章茶，卖到了 1 200 元左右一公斤。传说外地人进班章，茶农待之以红牛或矿泉水，就是不泡茶，因为茶价太高了。这一次上布朗山，我走此路线，没有去领略班章茶韵的意思，纯粹是为了体验从此路线上山的不同之处。

出乎我的意料，上班章的路甚至比我周游西双版纳时所见识的任何一条路的路况还差。加之头天下了暴雨，这条路，如果借飞鸟之眼，从空中看下来，这样形容一点也不过分：它像一个残忍而歹毒的刀客在一个风华绝代的女人脸上划出的刀痕，并且，这个刀客是在把女人缚于柱上之后才动的手，用刀的速度很慢，力度时大时小，运刀忽左忽右。女人有过本能的挣扎，这就使得有的地方，刀剑一滑，出现了极大的弯曲和跌宕。不过，这能怪谁呢？何况它有助于我且行且走，有助于我把魂丢在这个让我着迷的地方。与我同行的司机小白，久走山路，一再让皮卡侧滑，一再担惊受怕而又因皮卡的努力过关笑逐颜开。可在临近班章的一截山腰上，皮卡还是陷于泥潭。路的左边是山，泥潭大得让人不敢轻举妄动；路的右边是山坡，从那儿往下看，可以看见远方的勐混坝子，只要皮卡一打滑，人的叫声还停在口腔里，车已没了踪影。最要命的是，年轻的小白开始的时候低估了这泥潭，以为上了四驱，放在低档，一脚油门就可过去，没想到冲到了泥潭中央，车便一味地原地刨土，绝不朝前，也绝不退后。的确，着急的是小白，我不急。下了车，他先是打开百宝箱，拿出铁铲和砍刀，然后铲土，砍路边的树枝来垫路。我帮不上忙，转身上山，内急。蹲在班章山上看班章，仿佛脚下之山是班章的最高处。眼中的班章，四周之山，山势并不陡峭，多斜缓的山梁，且一道道山梁像“五马归槽”，一一汇向老班章和新班章的寨子聚落。或许是因为这儿的土壤和气候等自然条件的确能保证优质茶叶的生长，目所能及的山梁，不见原始森林，代之的全是茶树、古茶树或者新茶园。在那些新垦的茶园边上，种茶人的木屋稍显孤寂，它们门前的狗偶尔会对着山谷叫上几声，有回音，有寂寞。

五

一个小时后车再上路。我们行到老班章的路口时，一辆卡车冲了出来，车厢里站着浑身是泥的约翰、杰克和史密斯三人。这是什么地方，他们来干什么？我和小白不知道，但小白还是停下车，对着司机吼了一声：“路不通，太危险。”司机是本地人，不理，一脚油门，朝泥潭所在的方向扑了过去。那一瞬，约翰他们见我们的车来到，脸上均透出一丝欣喜，但我敢断定，他们一定会从车厢里跳下来，把更多的泥巴弄到身上，或者，重新返回班章，等天晴了再上路。

我们没有进老班章，直接往新班章进发。幸运的是，过了老班章上老曼娥的路已是阳关大道，非七年前的荒道。新班章果然焕然一新，旧貌换新颜。寨子里铺上了水泥路，孩子们在路上滚动废弃的摩托车轮胎，一群狗在后面追。寨子中的每一幢干栏式建筑体的露台上都有接收电视的“大锅盖”，有太阳能。在“大锅盖”和太阳能大桶的旁边，一般都有老人在晒茶，或者膝盖上放着一个大簸箕，认真地拣着黄片。水泥路只通向我们一路上来的这条交通大动脉，抬头再看，水泥路不通向更多的七桠八岔地往里走的道路，走着走着，水泥就没了，于是我们就可以看见由泥土、砂砾和水冲出来的山峦，只有原先的土路安分守己地继续向前延伸。当然，我们完全有理由把水泥路视为乡村精神文明中强硬而尖锐的怪物，因为道路两旁的房屋也一律建在土上，甚至每一幢建筑的一楼仍然是土地坪，有小坑，有永远也扫不干净的尘土。我对这种天外来客般的局部水泥路持积极的支持态度，尽管它与寨子不太和谐。假以时日，所有干栏式建筑必然一一被抹掉，全变成像寨口那幢小洋楼一样的建筑。虽然建筑的崛起并非只是为了与水泥路配套，可这进步的代价，却是让我们的后人翻遍文献，也不知祖先传承了几千年的“干栏式”是什么。想想，时代的进步，果然不是在牧歌中进行的，它必然会带给我们永远也难治愈的健忘症，它必然会让许多寨子，特别是没有自己文字的民族寨子失去记忆，或者在口口相传中，陷入一圈卷着一圈的谜团漩涡。如果文化人类学与政治经济学之间，从来都没有停止过战争与械斗，输得一丝不挂的，肯定是文化人类学。

六

班章，傣语。班：窝棚；章：桂花树。班章即桂花树下的窝棚。1846 年 10 月 16 日，现代意义上的西方医学的首次麻醉手术，在美国麻省综合医院进行。它的成功，使手术刀下的病人从此免除了在手术过程中暂时的剧烈疼痛。麻醉术的确是一门功德无量的奇技，而麻醉药更是这一奇技之母。谁都清楚，当“班章茶”作为麻醉药奇迹般地成为我们医治贫困这一千年沉疴的不二法则时，很难推断，横陈于无影灯下的病体，是否会在维系于市场之手的手术刀下，从此百年康健。是的，我担心的是与经济情同手足的文化建设，是否能跟上班章茶价的一飞冲天，而这一飞冲天究竟又是否如太阳一般恒定，还是如孔明灯，只是烘托出了几个节庆日的喜乐气氛?

布朗族人建立村寨，一直以人体为范本。他们认为，人有四肢和心脏，村寨相应的要有四个寨门和位于寨子中心的寨神桩，即寨心。寨心是氏族祭拜祖先和寨神的地方，它主宰着全寨人的祸福与吉凶。凡是每年 2 月和 7 月的“干日”，寨人必祭寨心三天。三天内，寨子里静悄悄的，不准磨刀、背水、下地、吵闹，更不准外寨人来访。凡要建房、婚娶的人家，凡生病之人，凡想入住此寨者，都要以相应的物品作祭品，请祭司代为祭寨神，以求得寨神的许可和赐福。

这种充满神性和人性的村寨布局，具有自觉的开放意识与牢固的神祇文化相结合的村寨心灵史，无疑可以让我们对横空出世的经济风潮的冲击不屑一顾，因为我们相信，在表象上实现翻天覆地的寨子，只是外寨，一定还有一个隐形的、更为不朽的寨子存在着。只是，对于这个寨子的定力，它的寨心的跳动力度，我们必须给它提供无休无止的能量供给，而不是因为急功于“变化”而引其走上文化迁徙的漫漫长路。特别是当桂花树下的窝棚，在短短的几年时间之内迅速地变成了茶叶树下的皇宫，

我们的当务之急，是要把寨心理解为人的心脏，随时都要看看它的跳动是否已经剧烈加速。

七

老曼娥，与班章相邻的另一个寨子，建寨已有1 360多年，是布朗山倦于迁徙而定力最大的老寨之一。与老班章居住的哈尼族不同，这儿的128户人家全是布朗族。老曼娥过去所处的环境，可以在《中共勐海县党史资料第四辑·中国唯一的布朗族乡布朗山》一书的大事记中，找到几张过去的光阴的切片：① 1926年，老曼娥因天花流行，先后死亡160多人，全寨只剩下几十户人家居住；② 1954年7月，由布朗山区人武部和驻军武工队，联合组织了一个“护秋打虎小组”，在曼诺寨至老曼娥区域内，以一个月的时间集中精力寻捕老虎；③ 1955年6月，曼娥寨发生严重虫灾，村民大搞迷信活动。经工作队员宣传动员、耐心说服，群众才陆续加入捕虫行列，在工作队员的带领下，七天捉虫94.4斤；④ 1959年2月，曼娥乡政府、新曼娥被跑到境外的曼囡寨人岩嘎纵火，35户人家的房屋全部烧毁；⑤ 1995年3月，投资15万元，兴修老曼娥大沟，于5月5日竣工；⑥ 1995年3月初，班章村公所坎卡囡村、老曼娥村发生严重的牛出血性败血病，死亡65头牛，造成直接经济损失6.65万元……

詹英佩女士在其《普洱茶原产地西双版纳》一书中说：“布朗人在老曼娥一住就是1 300多年，仔细分析，能留住他们的除了寨子前边那条小河，还有就是他们种下的大茶园……老曼娥的古茶园是西双版纳最具考察价值的古茶园，面积大且连成片，按年代排列，是濮人种茶的历史档案馆。3 200亩茶树……大至三人合抱，小至碗口粗细。唐、宋、元、明、清各个时期的茶树在老曼娥生长着、陈列着。”2000年，我到老曼娥时曾肯定地说：“老曼娥仿佛是一艘绿海中的沉船。”但它周边一个个山坳和谷地上，总有一座座人间的天堂。在它与班章之间，碰到了三道寨门，门楣上均画了咒符。同行的人讲，这一带常见一种耳朵上有缺口的小猪，乃是布朗人送鬼的载体。

这次重返老曼娥，“大事记”中所说的1995年所修的大沟，建于其上的桥梁已被大水冲走，桥头的幡柱已失，桥体上用水泥做成并涂成红色的龙，也被水冲走了。时间改变事物的力量就是这么强大，但这个古老的寨子似乎还是记忆中的那座，饱经自然之灾，又借自然之力而生生不息。站在寨子里，我茫然四顾，问一个骑摩托车的青年：“以前在老曼娥教书的女孩玉温丙还在不在？”他答：“走掉了。”玉温丙是我当时采访的老茶人宋晓安的女儿，那年她20岁。这个孤独而又认命的女孩，我在散文《画卷》和诗歌《布朗山之巅》中都曾写过她。

也许是我的记忆出错，布朗山乡政府所在地勐昂，与七年前相比，并没有什么大的变化。我在那儿住了两个晚上，两个晚上后的次日清晨，睁开眼睛首先看见的都是一床的飞蚂蚁的翅膀。这些见到亮光就从暗处飞来的小生灵，我不知道它们在我睡去的时候，为什么会把自己的翅膀卸下，更不知道它们以怎样的方式卸下翅膀。

两天之中，在乡政府民政宗教助理员岩布勐先生的指引下，我拜访了勐昂缅寺和章家村的抱经塔缅寺。勐昂缅寺的大佛爷名叫都言坎，抱经塔缅寺的西滴天名叫岩坎谈。在小乘佛教中，其教职由上而下的顺序大致是阿嘎木里、帕召祜、松溜、西滴天、沙弥、祜巴、都比龙（大佛爷）、比囡（二佛爷）、帕龙、帕囡。在布朗族中，人们的宗教信仰开始于原始宗教，约两百年前，小乘佛教才由傣族地区基于政治需要而传入，并最终成为布朗族的全民性宗教。尽管如此，人们的日常生活中因原始宗教而产生的各类禁忌依然存在。比如忌在寨子“神林”中狩猎、放牧、大小便；屋内仍有“神柱”，禁拴牲畜、禁靠、禁挂衣物；“寨心”平时禁人进入，更禁外寨人抚摸；女人来月经禁去缅寺；人死禁停尸于家中，且必须当天埋葬，若确实来不及埋葬，必须派人守尸，忌狗、猫闯入，否则死者的鬼魂会转世；妻子怀孕，丈夫禁杀生：杀蛇，生出的儿子吐舌头，杀狗，生出的儿子哭声像狗吠，杀鼠，生出的儿子不睡觉……

岩布勐先生告诉我，布朗山上的缅寺分两种：一种在寨子里，如勐昂缅寺；另一种则在野外，离寨子至少一公里，如抱经塔缅寺。勐昂缅寺的大佛爷都言坎，9 岁入寺当和尚，20 岁时，即 1954 年被政府组织前往昆明参观学习，回来后不想当和尚，还俗了，并且结了婚还与妻子生了五男三女。2004 年，妻死，儿女们都各自成家，就又入缅寺做了和尚。像他这种还过俗的和尚，教职最高也只能做到大佛爷。由于没有二佛爷协助，71岁的都言坎，只能将寺中大小事务全部承担起来，管理菩萨和经书、教小和尚念经、赕佛、滴水拴线、送受过佛的教化的终老之人上山……

在岩布勐先生的翻译的协助下，都言坎佛爷一直以傣语间杂汉语的方式与我交谈。期间，寺外下过一场暴雨，雨后的阳光从屋顶漏下来一束，刚好照着他。这位身着袈裟的老人，安静、慈祥，有一种因入俗世而又出家所带来的旷达之感。他告诉我，在他的工作中很多都是次要的，核心就是告诉人们，一切事情都必须按经书上的指示去办，什么事该办，可以直通天堂，什么事不该做，否则会下地狱。经书中说，神造了世界，人存之于其间，所以，走路要交钱，提水要交钱，穿衣要交钱，劳作也要交钱。菩萨很多，人们赕佛，即具体的人家敬奉具体的菩萨，这种事得由都言坎佛爷具体安排，作为回报，赕佛者，个人或集体，都应向缅寺奉上一定数量的茶或谷物。至于傣历9月15日的“考瓦沙”（关门节）、超度亡人的“赕萨拉”、献袈裟时的“赕帕”、每年两到三次的“赕坦”（献经书）、傣历12月15日的“奥瓦沙”（开门节）、关门节和开门节期间的“赕星”讲经、不定期的“赶听”，即全寨性大赕或“靠刚”（私人大赕），以及“赕帕朵亥”（向大佛爷私人赕东西）等活动中，人们都要向缅寺赕礼。赕老茧，是施舍也。以赕积善，修来世而成涅槃。

勐昂缅寺在布朗山上条件算好的，可大佛爷还是只能与小和尚们住在一起，只是他的地铺靠近火塘。我离开时，他出门来送，站在高高的台阶顶端，勐昂全寨皆入其眼。没有任何疑问，都言坎所在之所，乃是勐昂寨的灵魂。

布朗山上近几十年来，曾出过很多个帕召祜、松溜和西滴天等教职极高的宗教界人士。目前，教职最高的是抱经塔缅寺的西滴天岩坎谈。该寺筑于章家村区域的一个山头之上，四周都没有村寨，是为在野。在野者，和尚皆以乞讨为生；在野者，心静，不闻宰杀之声，难见情侣对唱，结尘之外也，利修行，不问寨事。经书 8 套 14 000 多卷，卷卷都亮神灯。岩坎谈从小做和尚，现年 43 岁，经书皆能诵之，但他说："有时还是很难弄懂菩萨的意思。"这位赤着双脚、目光坚定、一副在野之相的西滴天，左手之上有一文身，他说是菩萨语，不能译成汉语，问其音译，他诵："三底巴卡，阿巴三那，三底巴达，旺是纳，麻达毕达，坚力坎达，甲底微纳塘，巴底嘎麻地。"意为："水烫不会起泡。"与西方文身的符号学暗喻性与死亡不同，西滴天说，在这儿，文身，只为了装饰。

姚荷生先生在 1938 年所著的《水摆夷风土记》中说："文身都在做小和尚的时候举行，先狂吹鸦片，麻醉过去，然后由专家刺花，并涂上青色颜料……一身美丽的花纹，是异性欣赏的目标，对于性爱生活的成功有很大帮助。有次我在江边洗澡，那双没有雕刻的丑腿给姑娘们看到了，她们轻蔑地笑着，婆娘腿，有啥子瞧场呀！"姚先生所说，似与西滴天之说有异，与西方文身的主题相符。

在野的和尚，还俗的极少，为了生计，他们除了乞讨外，还置了耕地。抱经塔缅寺就有二十多亩茶园，管理者是一对贵州毕节的中年夫妇，男的叫罗永坤，女的叫陈恩飞，他们还有一个 7 岁的儿子名叫罗欢。夫妇俩原是走村串寨卖服装的小贩，走遍了云南的山山水水。2007 年 4 月，他们挑着被面、蚊帐等货帛入布朗山，走错路进了抱经塔缅寺，西滴天便将他们留了下来，并在寺外几百米处为其建了一座木板房……

岩坎谈说，在经书中有“树叶会变成钱，石头会变成钱”之语。现在是佛历2368年，树叶真的变成钱了。这种树叶就是茶。以经书论茶，贝叶经《游世绿叶经》中有言：“有青枝绿叶，白花绿果生于天下人间，佛祖告说，在攸乐、易武、蛮砖和曼撒，在倚邦、莽枝和革登，有美丽的嫩叶，甘甜的茶叶，生于大树荫下。老人喝了益寿，妇女吃了漂亮，孩子吃了长壮，智者吃了更智。”经都在贝叶上、纸上和心上，生活中，很难看到茶叶从这些地方生长出来，但以经书之圣洁，以茶叶之尊重，布朗人结婚、建房、赕佛、丧葬、制“请柬”，都会以茶、蜡条和烟代之，三者送达，蜡条意为“求你”，茶和烟意为“请你”。赕佛，请外寨之人，茶两包（最多5两一包），一包给自己，一包给缅寺，凡被请的人，不管有什么事缠身，爹妈不能去，儿子也必须去参加；婚丧，一包茶两根蜡条，意即主人已把你当成最亲的亲人或朋友，也必须去。布朗族人的葬礼不仅以茶为“请柬”，入殓的时候，死者的亲属还要将茶叶，以及蜡条、饭团和芭蕉捆在一起，并用白线将其捆扎在死者的手上，让死者带走……

在抱经塔缅寺通往勐昂的路上，就可看见缅甸，群山起伏处，云海苍苍。布朗山的南面和西面均与缅甸接壤，国境线70.1公里。中国的云朵飘过去，一分钟就到了。那异国的云雾深处，西滴天岩坎谈，以前曾经路过。

九

在任何一个人自由的内心王国中，都有一笔秘而不宣的财富。可我始终没有想明白，2001 年 9 月 4 日，宋晓安病逝前，留给女儿玉温丙的最后一句话竟然是：“做什么事都可以，就是不能做茶。”这只能说明，这个 1959 年上布朗山收茶、几十年没下过山的老茶人，他的内心真的被普洱茶掏空了，什么财富也没有留下。也许，唯一的安慰是在他死后，他的一儿一女把他的尸体火化在了他布朗族妻子的火化处。七年前，我采访他的时候，他就曾无数次地告诉我：“死去的妻子变成火焰了，她一再地来喊我。”现在，他如愿了。稍有不同的是，他那没有被彻底烧成灰的骨头，儿女们把它们集中在了一起，器具是他生前装酒的大玻璃瓶。

2007 年 6 月 13 日下午，坐在我面前的玉温丙，已是满脸的风霜。她告诉我，布朗人死了，火化之处是死者自己找的。抬棺上山，抬棺人的任务只是在坟山上转来转去，棺落地，无异样，证明死者满意，如果木杠或绳子断了，就必须按死者的意愿重新选地。“我父亲的棺木直接就抬到母亲火化处，毫无异样，”玉温丙说，“这说明父亲喜欢与母亲在一起。”

2000 年 9 月，勐海县一纸公文，辞退所有代课老师，玉温丙因此从老曼娥回到了勐昂，守在父亲身边。那时候，他们住在勐海茶厂的布朗山茶叶收购站里。为了生计，她开过小卖部，到餐馆做过小工，可都仅仅只够糊口。但在开小卖部的时候，她得以结识来自普洱景东县的种茶青年刘汉斌，并在父亲死后六个月，与刘汉斌结了婚，当时她 22 岁。毫无疑问，这场婚姻让玉温丙这位无家可归的茶人女儿，重新有了立足之地。2004 年 4 月，因为在勐昂真的已经陷入困境，夫妇俩带着一岁多的孩子岩地温，回刘汉斌的景东老家种地去了。

勐昂或者景东，对于他们来说，显然都不是天堂，但两者相较，似乎勐昂更值得期待，所以，2005 年 12 月 3 日，他们又重返布朗山，花了最后的 2 500 元钱，从一赵姓人家手上买下了目前居住的这间小屋。夫妇俩上山割松香，三块多一斤，一年能割三吨左右。除了割松香，刘汉斌还帮人杀猪、卸货。杀一头猪 30 元，玉温丙说："要是天天都有猪杀，那就好了。"按他们的安排，我见到玉温丙的次日，刘汉斌就要跟一个叫"老江西"的人去景东贩猪到勐昂来卖，可"老江西"临时决定，要从勐海拉盐巴上布朗山来，于是时间推后了。在屋檐水像山泉一样往下流淌的氛围中，刘汉斌递给我一支红河烟，说："你的《普洱茶记》，写我岳父宋晓安那一节，我读一次，哭一次。"他哭，为一个老人的命运。这命运，意味着以一生为代价，也没看到普洱茶出头的一天；有起色了，人却走了。除了那些祖祖辈辈陪着茶树一起成长、一起变老的茶农外，我真的很难再找到第二个宋晓安。一个汉人，受茶厂所派，一脚踏上布朗山，便是一辈子光阴的耗尽。

玉温丙自从离开老曼娥便再也没有回去过。茶叶涨价了，那儿的人都富裕起来了。玉温丙说："他们经常都来约我，我不想去，自己太穷了。"现在，玉温丙在乡卫生院做清洁工，每月 600 元。在家时，她养了很多鸡，我们闲谈的时候，这些鸡经常跑进家来，身子一抖，雨水溅得到处都是。

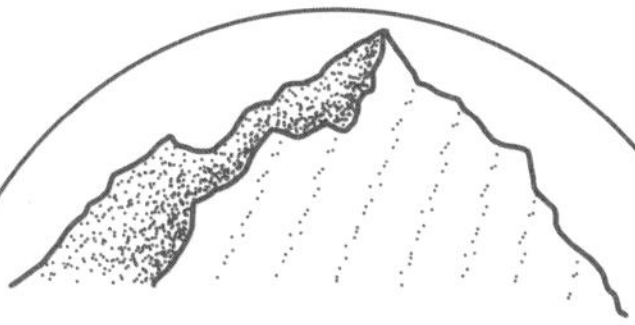

基诺山记

一

世界上最容易识别的房子，都建在基诺山上。因为基诺族人总是将用茅草扎成头颅形状的“耳环花”，视为房屋男女主人的灵魂，并以此作护宅的神灵，安放在房顶最醒目的一侧。更令人惊奇的是，在云南，众多的少数民族一致认定，自己乃是氐羌的后裔，祖先们来自遥远的中国北方，死了，也要按魂路图指引的方向，让灵魂归去。只有基诺族人坚信，祖先生活的地方，叫“司杰卓密”，就在距自己生活的寨子不远处。当然，基诺族人也不例外，按照常规，人死了，灵魂也必须回到祖先的身边，但他们的灵魂回归图，根本不像其他民族那样，灵魂必须穿越千山万水，而且还得战胜因自己生前作孽而产生的无数妖魔鬼怪；他们的灵魂回归图，其实就是他们日常生活与劳作的路线图。刘怡、白忠明著《基诺族文化大观》一书中采集了基诺山巴亚老寨的魂路图：“巴亚—巴亚寨寨门—沙加山的岔路口—野猫滑落处—沙堆—‘两兄妹’石头处—出响声处—洗下身的臭水潭—莫裴（祭师）休息处—水中有山包的地方—敲空树的地方—门普（基诺女始祖）—住过的寨子—门普的山色—分水岭—长妞普树的地方—酸叶子夹着路的地方—白腊泡（巫师）死后烧帽子的地方—烧坛坛处—白疯马在的地方—杰卓山的街道—杰卓山上—杰卓山的官在的地方—杰卓山寨子的寨门—死人与活人的分界处—杰卓寨的基地—牛帮休息处—有马脚印的石山—小黑江渡口—长马耳朵草的地方—长芦毛花的平路—绕过曼瓦寨—伸着手的大青树—中间断了又发杈的麻老鹰树—歪屁股的麻树—毛竹蒙着的路—莫托（曼通）寨—黄竹林山—栗树林山顶—山塌方处—水倒流处—蚂蚁包夹着的路—鬼谈恋爱处—踢不死叶树处—九岔路口—笋壳当衣穿的寨子—白岩、黑岩夹道—听得见司杰卓密鸡鸣的地方—看得见司杰卓密黄牛场的牛脚印处—司杰卓密砍柴的地方—司杰卓密的猪打滚的地方—司杰卓密的寨门—各自的家庭……”

在这条路线图上，杰卓山、小黑江渡口、曼瓦寨（现称毛娥新寨）等地名均是真实而具体的，而且我们发现，其归宿地，渐渐地向四周最高的孔明山（亦称龙谷崖）靠近。因此，有的民族学家认为，孔明山就是基诺族人的“司杰卓密”。

“司杰卓密”，司，木鼓；杰，潮水、洪水；卓密，寨子，意为“潮退鼓落处建起的寨子”。基诺族人认为，创世之神是阿嫫杳孛，他们不知道自己的祖先来自何方，只知道天地之间洪水泛滥之时，是阿嫫杳孛让其祖先玛黑和玛妞躲入木鼓之中，方得以逃生。洪水退去，木鼓落地，玛黑和玛妞，就在那儿建起了基诺人的第一个寨子，并取名“司杰卓密”。

这样的说法，证明基诺人乃是这一区域最早的土著民族之一，但也有学者认为，基诺人是发祥于基诺山的土著民族与南迁的氐羌及汉人融合而形成的族群。而民间广泛流传的是，基诺人乃是诸葛亮伐滇时“丢落”在小黑江边的士兵部族。其实三种说法都不是虚飘悬浮的，也互不对立，因为氐羌与士兵都系北来，而他们来到的地方都是“司杰卓密”，即孔明山一带。无非是在口碑传述中，先来的氐羌退到了幕后，犹如墙上标语被盖了一层新的涂料之后，又写上了“诸葛亮士兵”几个字。诸葛亮没到过西双版纳，这是共识，但其兴茶之功，足以让这些种茶的民族将其奉为神灵。道光《普洱府志·古迹》：“六茶山遗器，俱在城南境，旧传武侯遍历六山，留铜锣于攸乐（基诺山），置铓于莽芝（莽枝），埋铁砖于蛮砖，遗木梆于倚邦，埋马镫于革登，置撒袋于曼撒，因此名其山……”孔明是否为六山命名，谁都不知道，但人们却真的以其名为一座山峰命名。个中玄妙，都源于基诺人鬼魂所在的地方乃是“司杰卓密”，即孔明山。

孔明山距巴亚老寨不远，它与巴亚老寨所依托的杰卓山，隔小黑江对峙。魂路图曾路经小黑江渡口，后经的曼氏寨也在小黑江边，而小黑江在此有一极大的江湾，形成“水倒流”并非难事，至于线路上的“白岩、黑岩夹道”，极有可能就是与孔明山面对面的“大石头垭口”，过了这垭口，鬼魂们一定能听见孔明山上祖先们的鸡叫了……

如此指认一条魂路图，我的风险在于我不是巫师白腊泡，我的嘴巴永远念不出这样的《送魂词》：“阿布啊阿布……/ 当您到达几勒河 / 送您的人们不上筏 / 大家请您上筏去 / 您就划到对岸去……”但我很清楚，在大石头垭口与孔明山之间，流淌着小黑江，所谓分隔生者与死者的几勒河，谁敢说它就不是小黑江呢？

当一个民族如此确切地把生死的地图，等同于地理学上的地图，并把活着的父母的灵魂安放于屋顶作为护宅的神灵，我想，这一个民族，一定还是天地的组成部分，一切都尚未分开，他们的灵肉中依然激荡着创世之神的梦想和意志。

二

基诺山是沿昆明、玉溪、思茅一路南下的交通大动脉，途经西双版纳时的要冲，它西边是景洪、勐海，东南方是勐腊，正在修建的直通万象、曼谷和仰光的高速公路，正是破此山而继续向南。站在雍正七年（1729年）设攸乐同知的巴高山上，我们可以清楚地看见，高速公路把司土新寨旁的一个山峦果断地劈成了两半，亦在巴洒老寨旁的一条箐沟上，架起了一座壮观的人间彩虹。“司土”，意为“吊着的大鼓”，巴洒意为“靠自己建起的寨子”，它们系司杰卓密时代胞族分寨时，建起来的不同的寨子。司土寨和巴洒寨，都是基诺人阿细、阿哈和乌尤三个胞族中的阿细人所建。与此同时，阿细人还建起了普西、巴夺和巴亚三个寨子，普西寨是神权之寨，司土是父寨，巴夺是母寨，巴亚是儿寨，巴洒寨则是阿细人走散前不吃散伙饭就先走的人所建，故巴洒之意为“靠自己建起的寨子”。这些神、父、母、儿和敢于独立的人所建的寨子，分立于高速公路两旁，此路已于2008年竣工，可以想象，“高速”所带给它们的绝不仅仅是呼啸而过的汽车旋风。尽管它们的旁边就立着作为汉文化之根的攸乐同知城遗址，尽管站在司土新寨后面的大高地之巅，就可以将魂居的孔明山和人居的杰卓山尽收眼底。家住司土新寨的、我的基诺语翻译陶志强告诉我：“路修通后，不到半个小时，就可以进景洪城吃酒。”他是一个纯洁的年轻人，从小就喜欢坐在大高地山上眺望四方，远处的景洪城令他着迷。

基诺山是喉塞，可前往攸乐同知城遗址所在的巴高山顶，至今回想起来，仍不觉得是一次轻松愉快的旅行。旧时马帮或牛帮行走的古道，早已是灌木和参天大树的根床，新辟的土路也因资金的短缺而只能顺山而走，处处都有六十度左右的斜坡，又因藏身于林中，晴天也是一路的泥泞。雍正王朝的天威真的是神鬼莫测，没人指点，谁会相信这天外的密林中曾设过同知城！同知一名、游击武官一个、兵士五百、盐课司使

员两位，力压车里宣慰司而号令成百上千的大小土司头人，有反抗，有瘴疠，有毒蝇的乌云和老虎的叫声，可这群勇士般的光棍，硬铮铮地在此把六年时间，吹鸦片一样，吹成一片片白雾。我没有半点同情或敬仰他们的意思，特别是一想到他们那见了一座山就摊开手掌大叫一声“拿银粮来”的样子，我就觉得，与世袭于此，上山狩猎或摘茶就得回奉鬼魂的基诺人相比，他们的来到和走掉，永远都不值得我们为之投注太多的目光。经验告诉我们，他们大抵是一群偶像崇拜者，他们最崇拜的偶像就是银粮和刀，可在他们那儿，银粮不是用来回填人民之胃的，刀不是用来装饰或砍柴的，银粮者，贪之；刀者，贪的帮凶也。从孔明始，我们祖先的眼眶里，已经塞满了太多的所谓安边之术，以《搜神记》中的一则异事诠释：“青蚨似蝉而稍大，母子不离，生于草间，如蚕，取其子，母即飞来。以母血涂钱八十一文，以子血涂钱八十一文，每市物，或先用母钱，或先用子钱，皆复飞归，循环无已。”

攸乐同知遗址，周边都是高大的树墙，昔日城之基座，野草比人还高，穿行其间，总被刺藤抓住不放。有多条树丛中的古道，从东西两方上来，在此汇聚。林中有连片古茶园，有的茶树还是小叶种，被人重新开发出来，途中遇六男一女带一条狗，在林中歇息，篓内全是新摘的茶菁。去看烧窑留下的大坑，又遇四男，正砍山种茶，舞起的长刀一闪，林中亮了一点。据说五里外还有一个山洞，是兵器库，没去。我在黑暗中磕磕绊绊地行走，遇开阔地抬头一看，树尖上分明又堆满了太阳的黄金。这种亮之于世界之巅的光芒，肯定比 270 多年前那山洞里的冷兵器要温暖很多。

三

我一直想找一本书，找了几年，至今没找到。它的名字叫《巴什情歌》。基诺人的始祖玛黑和玛妞，因其成婚才有了基诺人，可是，他们是同胞的兄妹。“巴什”，巴：情爱；什：同氏族，即“同氏族的爱情”。《巴什情歌》只有一个核心主题，那就是测算兄妹之恋的可能性。最乐观的结果，始祖可以，因为他们有创世神灵阿嫫杳孛的支持，而且，担负着繁衍生灵的天大使命；至于后人，最好不要空想，如果谁要一意孤行，唯一的出路就是到鬼神居住的司杰卓密去，在那儿，这样的爱情永远都不会受到谴责，或许还会因为沿袭了祖先的传统而备受赞美。

的确，面对繁衍的重责，在僻远的基诺山上，兄妹之间究竟能不能成婚？这个问题一直困扰着基诺人。基诺山已经在天外，他们居住的寨子与寨子之间又相对封闭，绝少来往，而独立的寨子中，以“大房子”为载体的群居生活，又足以培养出同族同氏的男女之情，巴什情歌因此在几千年的时光中不绝如缕。因此，面对这样的一种情感，阿细部族严令禁止，而阿哈部族，只要通过舅舅的考验，就可以存在。“基诺”，基，舅舅；诺，后代。基诺人自认为是舅舅的后代。之所以如此，原因就在于始祖玛黑，原本就是其子女的舅舅。阿细与阿哈，两个部族的禁与不禁，不是家族制度所衍生的，而是这种屡禁不绝的情感，始终带有普遍性，并因此促成《巴什情歌》的代代相传。甚至，我有一种奇怪的预判：所谓《巴什情歌》，作为基诺人最重要，也就是分量最沉的古歌，它完全有可能诞生于一对苦恋的兄妹。

现在还会完整地吟唱《巴什情歌》的人已经很少，甚至没有了。这部流传于心扉和舌头上的伟大作品，已经耗尽了无数代优秀的基诺歌唱家的生命和灵光。而那些聆听的人，有的因绝望而提前衰老，有的因忧伤而患上失语症，有的则因对爱与死的痴迷而去了司杰卓密。这部基诺

山版的《人鬼情未了》的主体情节是：一对自小相爱的同族兄妹，渴望能自由地结为夫妻，可严禁兄妹通婚的法则成了拦路虎，族人反对，寨父不许，就连傣族和汉人的各级官员，对于他们的苦苦哀求，也无动于衷，甚至武断地认为，这是鬼魂才做得出来的事情。阳世情缘的结局非常俗套：巴什郎被迫与另一女郎结成怨偶，而巴什妹则因情吐光了胸膛的最后一口阳气……

人鬼相爱的戏剧由此开始，剧情也因此出现两条叙事的线路。不是急转直下，而是步入正题。一条线路是，巴什妹期待着祖规的兑现，希望巴什郎尽快了结凡世的羁绊，前往司杰卓密与其成婚。为此，她的灵魂在寨门前的坟山上守候了一年，随后，又在前往司杰卓密必经的九岔路口，徘徊了 13 年，接着，又花 3 年时间，在司杰卓密的天堂乐园中以泪洗面。另一条叙事线路则是，在这 17 年的煎熬中，巴什郎虽然偶尔能见到魂灵化形的巴什妹，尽吐相思之苦和隔世之悲，并在悲苦之中尽情地享受极限之上的情爱狂欢，可他始终难以清除始祖造人时，刻在额头和手心上的十字黑纹，只要这黑纹还在，他就踏不上前往司杰卓密的旅途，就必须继续承担人间的种种苦役，死，也是奢华和奢望。为此，巴什妹又去了苔洛蒙莫女神掌管、造人和居住的神界“裴嫫卓密”，在其旁边的铁匠神寨和莫裴神寨做了仆人，经过多年的修炼，最终成了可以沟通人与鬼神的铁匠女神和莫裴女神。类似于蝾螈可以在水中，亦可在火焰中生活并来往于两者之间，巴什妹的修为足以保证她可以穿梭于人间和鬼国的不同时空，而且，作为鬼国之魂，从此她可以真实地回到巴什郎的身边，带走巴什郎的魂魄。巴什郎见此，亦悲亦喜，照例去请村寨中的巫师“白腊泡”，以沟通人神的法术，让他们得以在一起。但这种法术中的婚姻远远满足不了巴什妹对真身相配的婚姻的炽烈渴望。于是，她又前往白腊泡死后灵魂居住的“白腊泡卓密”，在毗邻苔洛蒙

莫女神居住的神寨中做了仆人，因为她相信，人鬼世界中，只有白腊泡可以和苔洛蒙莫女神交流沟通，她想要的，也许只有苔洛蒙莫女神才能给她了。又是多年的苦修，巴什妹终于修成了爱神贝神，重新回到人间来找巴什郎。而此时的巴什郎也早就难以忍受神圣之爱的遮遮掩掩，便站了出来，向妻子和全寨的长老（寨父）说出了自己的人鬼恋情，并请来了人间法术最高的白腊泡。白腊泡以“蒙贝”和“剽牛”的神术与仪式，像用蜂蜡将两片贝壳粘在一起那样，取巴什妹的真身，配之巴什郎，使他们成了真正的夫妇，巴什郎和巴什妹从此过上了幸福的生活……

然而，《巴什情歌》的伟大之处在于，以上结局只是它开放性结构中的四种结局之一。创世始祖“阿嫫杳孛”和苔洛蒙莫女神共同掌管的人间和鬼神世界，永远都存在着种种可能性。在阿细部族中，《巴什情歌》的结局，兄妹之间以宗教的形式成婚只是其中一种，除此之外，还有两种：一是巴什妹死后来到司杰卓密，祖先赐其骏马，接着她又去傣族人土司死后居住的“鬼寨”购买了金刀银刀，然后再返回人间杀了巴什郎，

并请风神携巴什郎到司杰卓密，二人终于成婚；二是因为人间无婚配，巴什郎和巴什妹便双双上吊，以求双双同去司杰卓密。

可是没有想到，巴什妹上吊，用的是巴什郎的包头，长长的布匹，使之上吊身亡，而巴什郎上吊，用的是巴什妹的围腰，围腰太短，巴什郎并没有吊死。后来，偷生人世的巴什郎只好远走异乡，到傣族人居住的地方去谋生，结果变成了富裕的人，还结婚了。人间鬼国两重天，死了的巴什妹久等巴什郎不来，便变成了阿枯幽（蝉），每逢稻浪翻滚的季节，便用鬼国的声音，在树枝上不停地叫，有埋怨，有孤独，有隔世的泪水……

阿细部族的《巴什情歌》三种版本，都有一个强大的伦理学背景，那就是阻止和严禁兄妹之恋，其间的人性，交给鬼国去体现。而阿哈部族的《巴什情歌》，其结束的方式是，虽然有阻挠，可最终由于巴什妹的舅舅点了头，他们就成了世界上最幸福的一对。

四

很多地名，瞬息万变，在20世纪80年代的地图上，我们还能找到巴漂、巴波和巴吕这样的地名，现在，除巴漂外，它们似乎都消失了。这是一件令人不安的事情。懂得基诺语的人知道，用巴漂、巴波和巴吕这三个词条作寨名，其实就等于汉族人用“初恋”“热恋”和“结婚”这三个词条作为三座城市的名字。基诺人之所以如此，固然与他们力争将美好的爱情之旅，尽可能地与祖先的神灵世界对应起来的愿望有关，但回到现实生活之中，这样的命名方式足以让我们仰视他们对爱情的态度。寨子是庇护生命的地方，是人神共护的不朽家园，是活人抵御鬼魂的堡垒，以情爱流程中的阶段性词条为其名，爱之光，普照基诺山；爱之真，托高基诺山；爱的力量，捍卫基诺山。率真、赤诚、直接，乃是我们“丢落”的常识与通识，在这儿，还为我们珍藏着。

由于灵魂不死，人死即可回到祖先那用木炭作货币也可以买到任何一种东西的故土去，基诺人的死，其实是了却红尘之苦的生。更为重要的是，到了那儿，所有的禁令都解除了，男的都是玛黑，女的都是玛妞。而作为生者，他们不得不充满对司杰卓密的向往而苦苦地守候在寨子里，因为寨门之外，就是人与鬼的分界处。之所以苦苦地生，他们认为，非正常的死亡者，灵魂回不了司杰卓密，只能成为没有皈依的孤魂野鬼。在他们的神话传说中，在司杰卓密时代，活着的祖先与死去的祖先曾立下过“人鬼分家”的协议，人只能享有寨子及其家畜，寨外之土和山林中的野兽则是鬼的财产。也正是因为这次分家，活着的祖先去了杰卓山，死了的祖先则继续生活在司杰卓密。

由于山林中的野兽都是鬼魂的财产，土地也是鬼魂游荡的地方，基诺人每年都要举行类似于“特懋克”“喏嫫洛”和“禾希早”这样的祭祀活动，祭创世女神，祭祖先，祭寨神，祭山神水神树神等名目繁多的自然神。祭祀活动中，他们杀牛、杀猪、杀鸡，力求让各路神灵都吃得饱饱的，然后把山上的野兽都放出来，让他们捕杀；把土地都献出来让他们耕种；把茶树果树都护好结出丰硕的收成让他们采摘；同时也希望鬼神在干预人事之时，赐福不赐祸……有一首祭祀歌唱道：

司杰卓密的祖灵啊，
我们向您献猪，
我们向您敬酒！
请您向兽神索取好心的大兽小兽和鸟，
请您把澜沧江边的马鹿野猪赶过来，
请您把小黑江边的马鹿野猪赶过来，
请您把白石岩成百的大兽赶过来……
让我们敲响七音竹筒，
让我们欢庆丰收的笑声不断。
活与死的拔河比赛一直在进行中，
食物和情爱编织而成的巨绳，
握在两端的人与鬼的手掌中。
你看，
这句最短的祭词，
人对鬼说：
请求您，这回让猎获一只，
下次希望猎获两只。
这次猎得小的，
下次希望猎获大的。

五

孔明山是古六大茶山区域中最高的山，海拔 1 788.2 米，站在上面可将六大茶山尽收眼底。群山鼎沸之处，悬挂山腰、贴附山脚和在白云与森林中若隐若现的一个个基诺寨、傣寨和香堂寨，分明是造物主的微型手工器具。不管是哪一个寨子，都像十万人的体育场边上，某个少年看客手中的木房子。

往东看，小黑江的那边，杰卓山奇峰异突，破地向天，与孔明山对峙。在基诺山乡政府所在地基诺洛克，“吉卓饭店”的老板曾告诉我，孔明山与杰卓山，孔明山是公的，杰卓山是母的。我没有从孔明山出发，过小黑江而去杰卓山，而是由孔明山返回象明，过易武，过橄榄坝，经由景洪，绕了一个大圈再入基诺山，最后抵达杰卓山。从孔明山直接走向杰卓山，然后再从杰卓山走向基诺山区最古老的五个寨子普西、司土、巴夺、巴亚和巴洒，这其实是基诺人祖先的迁徙之路。博尔赫斯说：“每个作家都创造自己的前生。”我之所以绕开此道，是因为我担心一路真实的山水，会让我看不清那些仿佛已经可见的鬼魂，如果还必须通过九岔路口，我这汉人，从司杰卓密过来，既没成神，亦不是鬼，我真的难以应付守护关隘的鬼官的提问。如果他们问：“说说返回人间的理由，你的巴什妹住在哪个寨子？”我想，哪怕把自己装扮成一个过去时光中飘渺的收茶客，我亦难以把人间的汉话说成纯正的鬼语，借蝉的声音也不行。

基诺洛克是一个山中小镇，1985 年编纂《景洪地名志》时，它有 121 户人家 536 人，现在看上去，除了公共设施和商铺有所增加，人口规模并没有什么大的变化。新修的木鼓广场是小镇的中心，支撑木鼓的两排架子，用水泥做成树林的样子，一边七根，另一边九根，象征玛妞和玛黑。鼓体下面，晒满了小米辣。鼓体的后面，有农贸市场、百货店、

小吃铺、菜摊、理发店，许多从山上来的基诺人，坐在店前的雨篷下乘凉，谁也不说话，有的还歪着脑袋睡着了。那是炎热的中午，空气中到处都是虚拟的火堆。穿镇而过的、通向橄榄坝的公路上，运矿石的汽车一辆接着一辆。

与我结伴去杰卓山的，除翻译陶志强外，还有西双版纳王先号古树茶业公司的王智平和基诺山的收茶人李春华。我们从乡政府旁的曼朵寨上山，一直往东，起伏不定的路基，是精心雕刻出来的，刚好可以把皮卡放在上面。速度？也许皮卡车的确想绷紧了身体，发疯似地向前冲，但在这儿，它必须像一头喘着粗气的牛，认准了才迈向踏实的地方。在曼朵和杰卓老寨（现称活特老寨或石咀老寨）之间有一寨子，房屋稀落，都在树丛中，路边有两户三层楼的水泥房，大铁门。李春华说，这两家人收茶。这一带的茶叶，老树茶菁，甚至是春天的那拨，从茶农手中一公斤 200 元左右就能收到，收茶人可翻番卖到山外的茶厂去，利润不菲。

路的两边，都有山茅草，有的比车顶还高，在太阳的炙烤下，它们那特有的香气，混着满山的植物气味，浓酽地灌进车来，车辆因此也就变成了沉入芬芳之海的一叶小舟。这可是一场气味的饕餮盛宴，我不解味，只顾打开鼻子，打开嘴巴，打开胸腔，贪婪地暴食。陶志强、李春华、王智平，鼻子一吸，眼睛一闭，就能辨出“乱炖”的巨大汤锅中，哪一缕出自山茅草，哪一缕源于王不留行，哪一缕是曼陀罗……站立在道路边最高的树是芒果树。停下车，我的伙伴们便弄来数根木棍，拼命地往芒果树上抛，哗哗啦啦地就有芒果落下来，不是市场上半公斤一个的那种，它们只有大拇指那么大，剥开肉，核大，核上一层薄薄的黄肉，不停地滴汁，入口，疑是其他芒果的鬼魂，味重，味烈，一股气息，猛然扑向鼻腔和肺腑。

一棵十人合抱的小叶榕，立于路的右边，它的一根枝条，两人可抱，横横地长出来，跨过路面架在路左边的山体上，像门。入了此门，就是杰卓老寨。杰卓山不像在远处眺望时那么高不可攀，更没有像想象中的那样，山顶上有巨大的光环。它和其他山没什么两样，长树，长草，树草中有禽兽和昆虫，是泥土和石头垒成的，身体上叮叮当当地响着清泉的银首饰。寨子，跟山那边的新寨相比，它肯定是老寨了，45 岁的妇女布鲁麦说："我不知道前辈人在这儿生活了几代，反正很久。"这个历史"很久"的寨子规模并不大，34 户人家 140 多人，状若孔明帽子的干栏式建筑，一律斜着身子靠在杰卓山上。问寨子里的任何一个人，他们都会告诉你："其实，真正的杰卓老寨在山顶上。"因为他们每次上山耕作，都会挖到破碎的瓷片和屋基，尽管他们中更多的人并不知道祖先在山上按部族分寨的往事。寨子里年纪最大的、79 岁的老人沙白，以前吊过大耳，耳垂奇大，耳环孔足以伸进一根手指，他嚼着槟榔："我们都不祭山了，很久以前，解放军在杰卓山上栽了一根石桩，把山神压住了。"他不知道，那石桩乃是测绘所用。王崧《云南通志・宁洱县采访》云："三撮毛，即罗黑派，其俗与摆夷、僰人不甚相远，思茅有之。男穿麻布短衣裤，女穿麻布短筒裙。男以红黑藤篾缠腰及手足。发留左、中、右三撮，因武侯曾至其地，中为武侯留，左为阿爹留，右为阿嬷留；又有谓左为爹嬷留，右为本命留。以捕猎野物为食。男勤耕作，妇女任力。"这里的"三撮毛"即基诺人，指其发型。只是这样的发型，在基诺山中心地带的杰卓老寨，也见不到了。另一本文献《伯麟图说》："种茶好猎，薙作三髻，中以戴天朝，左右以怀父母……"对"三撮毛"的解释有异，但其"种茶好猎"之说，却至今依然。布鲁麦一家，2006 年卖茶收入两万元，沙白一家 2007 年仅春茶就收入了两万多。老树茶最好卖，一斤可卖一百多元，可是，66 岁的老人白拖车说："以前太多了，因为采茶时够不着，大部分都被砍掉了。"布鲁麦一家仅剩老茶树 100

立于路右边的小叶榕

多棵，沙白家多一点，有 320 棵。沙白说，以前祖先都以种茶为生，其父母的茶叶，一直卖给易武人“老邱”。因为砍伐，《历览西双版纳古茶山》一书说，基诺山古茶园仅剩 2 900 多亩，幸运的是，中华人民共和国成立后新植的茶园已达 7 299 亩。在各个寨子中，遗下古茶园最多的是亚诺寨，我曾到过几次，站在茶园中，就像站在了中国茶史的页码之间，每一棵茶树都在开口说话，可它们用的是基诺语，我一句也听不懂。

杰卓老寨边的水沟旁，我见有人在溪水的两边拉了一根白棉线，便问陶志强，它的用途是什么？答曰：“喊魂。”喊魂者，寨中有人的魂被鬼带走，便请巫师到失魂之处寻找。具体的做法是，请一个巫师，再请一个“命硬”的人，巫师边喊边将大米、酒水和鸡等物置于路上，献祭给鬼，请它不要带走人魂；那命硬的人，则拉着一根白线或红线，与巫师一道从失魂者家中出发，走出 108 步或 177 步，便停住把带来的纸钱和香烧掉，然后一路地喊着归来。“命硬”之人的任务是以线将丢掉的魂牵回，而可能的话，巫师则把魂收入一个预先准备的鸡蛋中带回。魂不会走水路，所以，遇水都要拴线，让魂从线上过水，一路归家。没查找到基诺人的喊魂词，有一傣族人的，大同小异，收录如下：

回来吧
苏宛纳丙巴公主的魂灵
你莫留在草棵竹林里
你莫要躲在荒山野岭
野地里雾凉风大
你会遭风吹雨淋
回来吧
苏宛纳丙巴公主的魂灵
你不要留在山涧田野
你莫进高山密林
林中有毒蛇躲藏
豺狼虎豹成群

回来吧

苏宛纳丙巴公主的魂灵

你莫停留在江河岸上

江河中会掀起狂波巨浪

你莫在树下歇脚

树下有叮人的蚂蚁和蚂蟥

苏宛纳丙巴公主的魂灵啊

快快回家来吧

全勐的臣民在呼唤你哟

王宫才是你温暖的家……

除了叫人魂，还叫鸡魂、牛魂、猪魂。如叫鸡魂：

咕咕咕

咕咕咕

拿起竹筒敲

敲着鸡圈叫

月食那一天

我来叫鸡魂

鸡魂啊鸡魂

人从小养你

喂你米

喂你谷

让你住在竹圈里

生蛋在箩中……

回来吧

鸡圈门已开

回来吧

蛋在箩中哭……

傣族叫魂有 81 种形式，基诺人与之无异。魂走而叫归，在基诺人的观念中，乃是生者阳寿未尽，被去不了司杰卓密的孤魂野鬼所惑，叫其归，让其尽人事，死了，也才去得了司杰卓密。

六

黄昏时，从杰卓老寨出来，遇到一个从山上下来的寨民，戴草笠，腰挂长刀，为其拍照，他很配合，作武士状。寨口的一户人家，所有衣物全堆在露台的竹竿上，衣物中间，站着一个16岁左右的女孩，如玛妞在世，目光清澈如玉。我的翻译陶志强见了，魂也丢了，他说待把我送走，他就来这儿，住在女孩家的楼底下，直到女孩同意嫁给他为止。结婚时，他一定上昆明给我送请柬。之后，在路上，在基诺洛克吃酒，陶志强都灵魂出窍，只有一分钟是清醒的，那一分钟，他让我把相机里的女孩的照片找了出来，他用手机翻拍了作屏保。他手机上的女孩如在雾中，脸上的几颗小痣不在了。

回基诺洛克的路上，曾见一路的坟山。几个坑连在一起，未做任何标志。这些坑都是按姓氏来区分的，自古以来都是一样的尺寸，不能拓大，大了意味着要死更多的人。坑小而葬一代又一代的人，是为叠葬。一姓人家，生时住在一幢大房子里，死了，肉身也要在一起。至于灵魂，他们相聚在司杰卓密。

不过，我一直以为，去司杰卓密的路上，最多的还是巴什郎和巴什妹。那些来无影去无踪的收茶客，也的确让封闭的寨子中的少女们动过心，可类似于易武的“老邱”这样的人，没人说得清，他们可否托付一个巴什妹的一生。1942年，蛮砖曼林的茶商杨安元，就曾娶基诺山帕尼寨的沙嫫为妻。沙嫫在这种一夫多妻的婚姻中自然没有找到幸福，于是，她选择了逃跑，结果被杨安元杀害。这一事件导致的是基诺人民反压迫大起义，时间持续了两年。后被一个姓黄的国民党军队的连长，率兵镇压。因女人而起战乱，人类史上很多，也没撇下基诺山。而这场起义，在茶叶史上最直接的影响，就是把作为一代普洱茶之都的倚邦，一把火烧了，全都变成了废墟。

蛮砖、莽枝、革登记

蛮砖山、莽枝山、革登山、倚邦山、易武山和攸乐山（现称基诺山），俗称云南普洱茶的古六大茶山。它们都在西双版纳州境内，由于产茶历史悠久，茶质绝佳，被誉为普洱茶的摇篮和圣地。六山之中，除攸乐山以小黑江为界，归属于景洪市外，其余五山都在勐腊县境内。而此五山，除易武山归易武镇所辖，其余四山都在象明乡界内。

西双版纳的地名多以民族语命名，且各具含义。可古六大茶山之中，只有易武和基诺两山有可解之义，蛮砖、莽枝、革登和倚邦四山，我查阅了 1988 年 6 月出版的《云南省勐腊县地名志》，不仅找不到释义，连山名都没有，可谓一片空白。六山者，外部世界的六山，历代官方文献中的六山，它们似乎与这一片土地一点关系也没有，倒像是汉人世界中的纸上桃花源，傣族语系中的“不足不沙”（仙境）或“勐巴拉娜西”。勐腊，勐：地方；腊；茶叶，即“产茶的地方”，在《勐腊县志》中，虽有除莽枝以外的古茶山条目，但仍无地理学意义上区域文化的指认或诠释。对此，我们当然可以理解为汉文化与区域民族文化之间的“溶血现象”，进而形成真空。可是，当这种“溶血”或称之为不兼容现象绵延千年而各成体系，我们或许真的就可以窥见古代“安边”诸策的一点基本形态，并参悟到普洱茶与“中国茶文化”老死不相往来的基本关系。因为两种文化在此并没有结合在一起，使用的是两本不同的字典。用不着大惊小怪，当你走入象明乡，向人们打听蛮砖、莽枝和革登，除了那些做茶收茶的人们外，更多的人回应你的是曼庄、秧林和直蚌之类，什么蛮砖和莽枝，纯粹是不解其意的汉语地名。我到象明乡政府去寻找古茶园的调查材料，他们的表格上也没有这样的地名。而且，当我请他们按所谓的古茶山地名，来划分产茶的寨名时，他们也总是把蛮砖写成“曼登”，把莽枝写成“曼枝”……而倚邦，只有称其为“唐腊倚邦”，才会有“茶井”的傣意。

救命的稻草，一般都生长在神话和传说中。孔明没到过西双版纳，但同样作为官方文献的道光《普洱府志·古迹》云："六茶山遗器，俱在城南境，旧传武侯遍历六山，留铜锣于攸乐，置铓于莽芝，埋铁砖于蛮砖，遗木梆于倚邦，埋马镫于革登，置撒袋于曼撒，因此名其山……"（易武是傣名，意为"美女蛇出没的地方"，没入此文献，代之以"曼撒"）。这就是我赖以解释古六大茶山之名的铁证，有些虚飘，有些不敢认同。我不知道当年骑马从普洱府到六大茶山要走多少天，如果在公路上驾驶汽车，如果只到攸乐，顶多三个小时，不远。可为何坐在府中的刀笔吏也乐于听信传说呢？唯一的解释，此六山之名，的确是源于传说或刀笔吏们的傣语音译。

一

李根源先生的《永昌府文征》，辑录了李京的《云南志略·诸夷风俗·金齿百夷》。其云："女子红帕首，余发下垂。未嫁而死，所通之男人持一幡相送，幡至百者为绝美。父母哭曰：'女爱者众，何其夭耶！'交易五日一集，旦则妇人为市，日中男子为市，以毡、布、茶、盐互相贸易。"李京是元朝云南乌撒乌蒙道宣慰副使，他到没到过金齿白夷这一令其不齿的国度，我不得而知，但其文字中透出的信息是我所珍视的。在"嫁娶不分宗族，不重处女，淫乱同狗彘"的白夷人的土地上，虽然他的文字肯定也会被视为放屁而叫人充耳不闻，或听不到或听不懂，可其关于市集的一笔，将茶的交易，与盐和布同置，还是可以看出茶叶在当时当地显赫的农耕地位。由此也可推测，美国汉学家艾梅霞女士所言不虚，她说，元代的成吉思汗朝廷，曾向此一区域大批量购置紧压茶。

未出阁的女儿死了，凡与她有过私情的男人都会持幡而送，若幡至百或几百，景象绝美。

见此，其父母也会无语凝噎，这么多的人爱女儿，怎么也想不到她会持美而夭！读到这样的文字，我倒不忍心像李京那样，咒之："淫乱同狗彘"，相反，在脑海中浮现的是一幅只有仙境中才有的、充满绝世之美的画卷，尽管我也不赞成"嫁娶不分宗族"。尽管我还知道，李京之"嫁娶不分宗族"之说，纯粹是胡说八道，以民为敌。如果嫁娶不分宗族，哪儿会有基诺人旷绝古今的《巴什情歌》？

私者持幡相送，父母吁嘘，犹如一个大土司看上了一个贫家美女，可我们不得不承认，在普洱茶的年谱中，与之情话绵绵的并非主流文化中的万千话语权拥有者，而是些美女死了便持幡而送的情种。普洱茶不是苏小小，更不是海伦，它的绝代风华，深藏山野，它的兴盛和凋敝，一如地下室里上演的经典话剧。而且，就像它的主人们的命运一样，在汉文化圈之外的“不毛”之土自由快乐地生活，司马迁、樊绰和李京之流，见之或闻之，立马就一顿痛斥或痛贬。普洱茶所有原料，乃取自世间绝无仅有的茶树之祖或据此驯养培植的大叶种，一生研究茶叶的刘勤晋教授视其为“系出名门”，对其品质推崇备至，可当作为儿孙辈的小叶种茶弑父成功，一屁股坐上王座，对普洱茶，则恨不得赶尽杀绝。历史总是重演，李京说白夷“淫乱同狗彘”，今天，当普洱茶仅因为有成百的持幡者为其祭魂，稍有一点还魂重生的迹象，伐讨之声便不绝于耳。就连国家的主流媒体也杀将出来，似乎只是为了将这一流传千年的文化“异端”，再度手起刀落，葬之夷边。云南人也的确猖狂了一些，还以为怀抱金香玉，不怕没人抢，没想到，此番“普洱茶北伐”，换来的是大兵压境，大有把普洱茶压缩至茶农之心不得外露的势头。古茶树下的人们，做了好茶，留给自己或儿孙们喝吧。所谓北伐，伤及庞大的诸多利益集团，不伐也罢，还是再度修炼定力，寂静淡泊于云南山水间，不问世事，守着废墟。

二

曼庄老寨一直都是蛮砖茶山的心脏，如果必须言及曼林，使之成为一对，那么它们则是蛮砖山侧卧于六茶山之怀中，自然垂下的一对汁液丰盈的乳房，哺育土著居民，也哺育历代因军屯、商屯和民屯而来的汉人，当然，也顺便哺育了那些因人命案、负重债、逃荒、征战失散而亡命天涯的人。到此停顿和落地生根的人，一般都认为，这儿已是世界的尽头，鞭长莫及，最适宜卸下行头和罪债，一切从头开始。他们学土著语，主动将装潢汉文化的脑袋，伸到了竹竿做成的水龙头下面，从文化到习俗，都一概交给山规。经过几百上千年的洗礼，现在你到这样的地方去找古老的汉人后裔，谁都会向你翻白眼，他们能告诉你，他们的祖上来自四川、江西和湖广，以及云南境内的石屏和元江，但没人说他们是汉族，顶多有人会说，他们是本人、香堂人和握牛人，更多的则直接告知你，他们是彝族或者基诺族。

只有在一些节庆和婚葬仪式中，这儿的人们才会暴露出汉人的身份。象明王先号古树茶庄的开创者王梓先老先生，是六茶山之上的著名手工茶人，他们家采六山古树茶菁所制的茶砖茶饼，在普洱茶的高端领域享有崇高的声誉，国家领导人、省上的领导到西双版纳视察，都会到他家的小店啜饮一杯。爱新觉罗家族的后裔金毓嶂先生，亦会在茶人聚会上说：“王先号？我家的！”一脸的自豪。他之所以如此说，缘于王梓先老先生一生阅历茶山，保下了位于倚邦曼松的清朝御茶园的命脉，将八十余棵幸免于“破四旧”和“反封建”运动之斧或开荒大火的“皇家老茶树”或称“曼松贡茶树”，一一以合同买断的方式，花了三万多元人民币，留存了下来。这几十棵茶树的留存，留下的是普洱茶贡茶史的根，功德无量。正因为如此，在普洱茶江湖中，“王梓先”三个字，被一个广东人抢注，王梓先老先生家的茶庄则只能叫“王先号”。

王梓先祖上来自陕西，其妻潘荣芬祖上来自四川，但现在他们的户口簿上民族一栏，填的是彝族。其弟弟家的户口簿，填的则是基诺族。他们的祖上是军屯、民屯、商屯而来，还是因其他什么原因而来，他们就不知道了。但从他给我讲述的彝族人的婚葬仪式中，我发现了太多的汉族元素，于是断定他们家祖上也是汉族。

居住在除基诺山以外的“古六大茶山”上的人，很多都是彝族；象明乡，全称是“勐腊县象明彝族自治乡”。但这儿的彝族跟大小凉山和楚雄的彝族在文化习俗等方面存在着天壤之别。他们既没有神符与鬼板，亦无图腾，寨子里亦无“毕摩”。死人的时候，他们与土著一样，门上挂桃树叶和“金刚壮”，以示驱鬼；安葬死者时，用桃树枝清扫墓坑，念道：“生魂出，死魂入，死魂入棺木。”与当地傣、基诺等民族最大不同之处在于，彝族人葬死者，不仅有坟堆，墓碑亦高大威严。而且，他们的出殡仪式，起殡时用公鸡血点棺，念咒：“一点青龙头，子孙代代侯；二点青龙腰，子孙代代标；三点青龙尾，子孙代代传……”送葬的路上，棺上亦置一“送魂鸡”或曰“爬棺鸡”。另外，对风水之术的迷信，也到了无以复加的地步。 这些无一不与云南汉族人聚居地和川南风俗同出一辙。

彝族人的婚礼，在古代李京《云南志略》载：“娶妇必先与大奚婆（巫师）通，次则诸房兄弟皆舞之，谓之和睦，后方与其夫成婚。昆弟有一人不如此者，则为不义，反相为恶。”而且，在婚后，“夫妇之礼，昼不相见，夜同寝，子生十岁不得见其父，妻妾不相妒忌。”而且，在一些部落，流行“姑表婚”：“嫁娶尚舅家，无可匹者，方许别娶。”即姑母的女儿，生来就是舅舅的媳妇，要出嫁，先要征求舅家纳聘否，舅舅家不要，方可另嫁……在象明乡，是觅不到以上踪迹的，他们有媒人，有“哭嫁”，有“拜堂”，有花轿，有“认亲戚”，有司仪，有伴娘和伴郎，有“童男子压床”之类，与汉族人不同的是，他们多了“抢亲”和“跳芦笙”。在整个婚礼现场，司仪高声诵念（拜父母亲戚的仪式已过）：

一栋房子四角方，
四棵中柱顶大梁。
大梁本是檀香紫，
二梁本是紫檀香。
檀香紫，紫檀香，
不是柏木是沉香。
一张桌子四角方，
张郎造下六瓣桩。
两边造起月牙样，
花红对子上中堂。
梦子见四洋，请你新郎上高堂！
（新郎肩腰拴大红花而入）
一步桃花开，两步进门来；
三步堂前走，四步当家财。
（新娘头顶红绸入）
起，起，起，
万丈高楼平地起！
位前穿朝衣，
脚踏四分地。
方睹财子盐木贵，
新郎到来金娇椅！

一对鞋子面面空，
千针万线做成功。
夫妇二人万代红，
一顶小帽到乌纱，
黄金白银去买它。
别人拿来无用处，
今日拿来新郎头上插金花。
一插天上七姊妹，
二插金鸡头上配凤凰，
三插老龙归大海，
四插登科状元郎。
梦子建朝朝四洋，
请你老幼上高堂。
手拿红绫一丈长，
打扮金科求儿郎，
一求求得十个子，
个个儿子有名堂。
老大坐在南京城里开茶铺，
老二坐在北京城里开赌场，
老三坐在江水县衙得官做，
老四坐在热力房，
老五学会赌钱咕噜子，
老六当兵吃粮抬花枪，
老七人人面前讲理会说话，
老八人人面前说话面面光，
老九坐在街头卖烧饼，

老十坐在街头卖麻汤。
手提红绫今晚拿来新郎腰上拴，
生个儿子做高官！
一张桌子四角方，
八个杯子摆中央。
八个杯子装满酒，
杯杯飘出桂花香……

整个仪式步步推进，以上言语，因为是音译且得讲述者认定，除“梦子见四洋”“梦子建朝朝四洋”和“热力房”等语不可解以外，都能悟出言语的用途和传达出的现场感。不用说，它们的汉文化气息远远浓于彝文化气息。

同样，我所置身的曼庄老寨，竟无一幢楼房是干栏式，集体性地患上了思乡病，都是穿斗式木屋或土木结构房。寨中道路开阔，四通八达。任何一个角落，都可见到旧时的柱墩，从家祠和关帝庙废墟上搬来的雕花石条，有的石狮子被寨民用来固定电视接收器。关帝庙的功德碑，记录了“妖气流疾”逼生出的建庙之因，也言及了“六大茶山”的点点情形，现在，它镶嵌在寨民丰绍康先生家的灶台上。据说，它是古六大茶山遗留下来的、年代最为久远的石碑，丰绍康先生的家中较暗，碑上文字也已难辨，我看了一会儿，没看出什么所以然来。碑之命运，能长寿至几百年，算不错了。曼庄村口那个“云南省扶贫温饱示范村安居工程”碑，立于2000年，已经拦腰断毁，躺着的地方，野草丛生。可以断定，再来几茬野草，它便藏之于地下了。

曼庄在历史上，就是现在的象明乡政府所在地那样的大寨，以茶而

「赵庄号」茶饼

兴旺。茶之“大钱粮”，把丰姓人家滋育成了六山之上的豪门。只是天不遂人意，民国初年，一场“福害”即瘟疫，瞬息之间便卷走了二百多户人家。剩下的十多户，坐落在向阳的高坡上，山天相连处，近十年时间后，才有如名满茶界的古茶坊杨聘号的掌门人杨朝珍等辈，一路逶迤而来。可以掘金的地方，不愁没有人来，何况这儿的茶叶，托举杨聘号，乃是杨聘号的福分。现在的杨聘号遗址，长满了芭蕉。雨打芭蕉的时候，几米开外，新生的“赵庄号”正在不停地压茶饼，一百米开外，则是台湾人开的三合堂，也在压茶，大红喜字印在茶饼上，像彝族人的婚礼，气氛浓郁。

我数了一下房顶，几十个，不可能再恢复清末民初的规模了。问一上身赤裸、头戴绿色军帽的老人：“祖上从哪儿来？”他答：“元江。”想必是杨聘号的后人。最为兴隆的，是原来关帝庙旁边的一棵高达百米的榕树，上面有巨型马蜂窝 100 多个，密密麻麻地挂在不同的树干上，谁也不敢靠近，那些窝中的蜜，想必会像甜雨，纷纷扬扬。

三

臭花树丛中，躺着乾隆盛世时的曼林茶商姜某某的墓上残碑。几米开外，几十棵老茶树还在吐芽。人，终究熬不过它们，只要不遇上刀光和烈火，谁都叫停不了它们生命的步伐。传说中的曼林老寨，已是一块坡地，长满玉米。几堵断垣边，办过学校，立着的一个篮球架，更像是一堆土，以篮球架的形象从土里冒了出来。移至几里外的一个山坳里的寨子，还叫曼林，房屋都是汉式，偶有人家以傣式筑屋，弄得像微型的悉尼歌剧院。王梓先之子王智平，领着我在四十多户人家的寨子中穿梭，他不停地碰到熟人或亲戚。到何士斌家坐了一会儿，其门楣上挂着黄泡刺，知其家得子。屋檐下的席子，三个一岁左右的小孩在上面静静地玩耍，偶尔发出嗷嗷之声。问何士斌的大儿媳，她腼腆地抱起其中一个，说是她的儿子，又指了一下另一个，她说是她弟弟的，第三个孩子她也说了是某某的，记不清了。午饭是在李华家吃的，这个 30 岁左右的彝家汉子，有胶林 100 亩，古茶园 100 亩，仅卖茶去年就收入 5 万多元，今年仅春茶已收入 6 万多元。他说，今年又种了 100 亩茶苗，满天星种法，不施肥、不用农药，生则生，死则死。他家的门前停着一辆三菱吉普，他的坐骑。他们都把茶叶的老黄片叫“老帕卡”，李华家的老帕卡，泡开了，叶片足足有 3 寸长，宽 2 寸左右，极其油润，状若油纸。

从曼林返象明，必经属于蛮砖山的另一个大寨曼赛，一个傣寨。这个寨子是我所见到的最有气象的傣族寨子，在曼林河与象明河的交叉口上，依山临水，茂林修竹。寨口有一百年缅寺，小和尚们刚洗的黄色袈裟，晒于走廊栏杆上，像天堂垂下的帷幕。在缅寺间穿行，只遇上一个少年和尚，正用 MP3 听流行音乐。寨中多是妇女和儿童，只遇到一个 47 岁的中年男人，手拉一小孩，背上背一小孩，他说，一个是孙子，另一个是外孙。

在山顶上看曼赛，就像在石景山上看故宫。这个群山里的故宫，旁有梯田状如元阳，加上山水树木和往来的人烟，乃是人民的故宫。这一带的山，都已开发种上胶林或庄稼，在胶林和庄稼之间，有时会有类似神树林一样的山色，突兀而起，树是古树，藤是老藤，孤独无依而又卓尔不群。它们之所以被遗留下来，全因为树底是石头山，烧荒后也无利用价值。

不过，如果寨子里有人想就近重温什么是原始森林，它们就是教育基地。

四

一个名叫“老四”的人，我几乎天天都在山路上碰到他。他往来于六大茶山的各个寨子，贩卖茶树苗。他的生意很不错，并因此丢了老本行。据王智平说，老四有一闻名于全象明乡的不二绝活：往水田中一走，手落鳝起，从不放空。老四捉鳝鱼，一天可收入 100 元左右，可他嫌太累了，不如贩卖茶树苗。老四有一伙伴，胸口上有文身，一个女孩子的肖像。我问他是不是女朋友，他笑而不答。

我这次重走六大茶山，所见最多的景象，就是种茶。人们倒不是因为明白了六山之于中国茶史的重要性，而矢志恢复旧日茶山的原貌。大叶种茶或说茶之摇篮，在他们的心目中，到底有多大的分量，谁也测定不出，但有一点是肯定的，茶价的上扬是最大的驱动力，也是恢复六山茶都最基础的物质保证。许多迁走的茶农又回来了，许多茶叶企业也来了，跑马占地，砍山拓荒，把一根根茶苗种下，也把一个个希望埋进了沃土。

在革登山竹林湾，有一家茶企买下了一万多亩荒山用以种茶。在当地人李保友和瞎子李四的率领下，近百个来自四川、江城、临沧、绿春、澜沧、昭通和宁洱的民工，按每种一株茶苗 1.1 元人民币的价格，没日没夜地苦干。这些民工，用塑料布搭起简易的工棚，就驻扎在茶山上或者路边。他们有的是全家搬迁而来，带来的孩子在工棚四周跑来跑去，一点也不觉得这荒野之上有什么不好。一个名叫钱继明的绿春人，只有 17 岁，刚到，腿内侧就起了一个无名的肿块，所以没去种茶，一直坐在四面透风的工棚里。我问他：“你会不会留下来？”他回答道：“婆娘找不着，留下来干什么？”而按照这片茶山的规模，年轻时被熊抓走了一只眼睛的瞎子李四告诉我，至少要有 800 人才能管理得了。我盘算了一下，800 个工人，至少意味着 300 户人家的诞生，也就是说，一个

崭新的大寨，就将出现在这片孔明山下的茶山上面。

这片将被植上茶树的荒山，与西双版纳著名的草山连在一起，民国以前，是众多茶马帮的养马场。草山只长草，只在最高处长着两株无花果树，象明乡的小伙子和小姑娘，称其为“爱情树”。树身上密密麻麻地刻满了“爱”字。最显眼的一行，肯定是一个痴情的小伙子刻下的：“我爱玉吨。”坐在无花果树下，基诺、倚邦、易武和莽枝都尽收眼底。著名的曼丫寨，在俯冲向小黑江的一道山梁上，远远望去，像座光阴深处的古堡。

总体来说，这方山水仍称得上地广人稀。那些茶山面积或胶林面积大一些的人家，都雇用了人数不等的工人。这样的现象历史上出现过，清代的檀萃在《滇海虞衡志》中云：“普茶，名重于天下，此滇之所以为产而资利赖者也。出普洱所属六茶山，一曰攸乐、二曰革登、三曰倚邦、四曰莽枝、五曰蛮砖、六曰曼撒，周八百里，入山作茶者数十万人。茶客收买，运于各处，可谓大钱粮矣。”只是这次入山做茶的人，恐怕没有古时候多。至于收茶的人，台湾、广东、香港、北京……无处不有。我曾于倚邦山，见到过来自北京的收茶车辆。不过，古时候没有入山的茶客，现在倒真的不少，韩国、日本、马来西亚、新加坡、加拿大、法国的客人，他们或考察拜山，或购茶外运，有的还自己收茶菁请人加工后再运走。

五

革登山上曾有过一个老寨，现在的人都称其为“革登老寨”，究其历史，此地系阿卡人的息壤，当为“阿卡老寨”。寨子的废墟全变成了玉米地，中午的太阳照下来，地上就有刺眼的光闪烁，那是瓷片。当年的寨心和风水树还在。风水树上有一种柔软的细藤，黄色，像蛛网一样，把树包了起来，好像是不忍心让这株千年古榕继续目睹树下那条贯通倚邦和莽枝的石板古道。古道长草，人烟不再，寨口的大庙已被林木遮蔽，于灌木丛里找到那个“万善同绿”的功德碑，上面全是青苔。寨心处，有一棵高高的黄桑树，也被一棵后起的榕树活活地用皮肉包裹了起来，植物界的荣辱观，令人心里更冰冷。距此不远的新酒房寨，住着 83 岁的鲁金福老人，他说：“我 7 岁那年，去革登大寨和阿卡寨（新发寨），都没人了。”他说的是 1931 年。而且，在这位老人的记忆中，革登大寨似乎就没有存在过，一切都是道听途说。他一再强调：“听祖上人讲，很久以前，最旺的是莽枝大寨，许多山下寨子的人都来赶集，路过新酒房，就买酒喝，醉了，就在旁边的平地上跳笙。”

整个革登山都流传着一个名叫“六十年大旺”的故事，关于革登大茶商邵三祝一家。咸丰年间入山的邵三祝家，其鼎盛时期的兴旺之象，民谣曰：“一进邵家门，稀饭几大盆；中间起波浪，两边压死人。”另一则是：“过路不从邵家门前过，不是舂米就是推磨。”有此旺象，皆因茶起。与其他茶商不同，邵三祝家的茶房不产成品，只做原料，因为他家基本占有了整座革登茶山，为此，到了民国初年，人们也称他为“邵山主”。驻家于阿卡寨附近的邵家，其衰落，原本与 20 世纪 30 年代普洱茶的整体衰落有关，可人们并不这么认为。故事中，邵三祝的祖上死后，葬于某地。有一天，家中来了一位风水先生。这位先生是位诚实而又能破天机的高人，却不能预卜自己的命运。他选中了一官地，可保邵家一轮甲子之后仍然大旺六十年，但是，如果他指出这官地，就将眼瞎脚瘫。

于是，他向邵家后人说："你们必须保证为我养老送终，我方可告诉你们，让你们迁坟而保兴旺。"邵家人欣然同意，遂将邵三祝的祖上之坟迁至先生所勘之地，邵家果然接着呈旺象，可几年后，却对养一个残废之人失去了耐心，不但对风水先生不敬，还强迫他干一些苦力。先生心痛，便带信给远在四川的大弟子，让其过来。弟子见师父，泪涕满衣襟。师徒合计了一番，弟子便去找邵家，说师父所选之地，只能保六十年之旺再旺六十年，他见有一官地，足以保邵家万代常旺。邵家果然也信了，便将祖上之坟又迁一地方。没想，迁入了绝地，到邵三祝，家业全败。六十年大旺变成了六十年大败。

讲此故事，说的不全是道德人心，意在引出破解古六大茶山衰落的另一把"钥匙"。在牛滚塘街的袁其先老先生家，我见到了一份刘氏家谱，写于1941年。该家谱云："前清乾隆年间走家乡江西进迤南倚邦、攸洛山、莽瓦，移民几多地点，都是讲究读书，儒门之子发达，大族人家，有能有志，名扬九州四海。为因，光绪初年有川人任地理，来帮倚邦土司葬坟，同吾族祖刘怀珍、代同家伯祖刘文基相好，说尽天文地理。吾二祖信实，翻弄祖坟起葬，想做大官，想发尽无边天财。自此之后十年开外，老幼几房人败了，石梁子几家刘也败了，但用着任地司的牛滚塘聂、袁、刘三家败了，永无根判，绝灭了。刘府上字泒二十个字从文字十六弟兄，自启葬后，至光绪年如数死光了。吾祖父庚寅年归终之时，丢下吾父兄弟四个，母年老，父先亡，母老子幼，么下场莽瓦家业尽化完，有先父刘德安无奈只得跑攸乐许成太广有恩统领吾父学营生。"（文中系纸破不辨）。

"六十年大旺"中的邵三祝，据詹英佩女士考证，死于1930年左右，刘氏家谱中所说的替人迁坟的风水先生任地理，在六茶山的活动时

间是光绪初年，即 1874 年左右。两次时间一比照，1874 年至 1930 年，刚好是 60 年左右，所谓“六十年大败”是有依据的。问题的关键不在于故事的真伪，而在于它们所涉及的光绪初年各个家族的灭顶之灾，是否符合史实，这一时间段，是否是莽枝老寨、革登老寨、牛滚塘街，以及架布和习崆两寨等寨子消失的时间？一个风水先生的迁坟行为是否掩盖了一场更大的流疾浩劫？

六

民国之前，勐腊县境是疟疾流行区。民谣曰：“谷子黄，病上床，闷头摆子似虎狼，旧尸未曾抬下楼，新尸又在竹楼上。”《勐腊县志》载，1940 年，全县疟疾流行，造成人口锐减，仅勐满一地就由一万人减少到不足 5 000 人。为此，曾有内地商人专做疫苗生意，或以疫苗换茶叶，或高价为人接种，可始终难敌此流疾。

王梓先的妻子潘荣芬告诉我，其家爷爷辈九兄弟，遇瘟疫，死得只剩下其爷爷潘德。为了躲癖瘟疫，爷爷领着家人，甚至搬到了 1 700 多米高的孔明山去居住。而且，从孔明山开始，他们家之后又迁石梁子，又迁烟坪子，又迁龙夺，又迁大凹子，又迁江西湾，又迁洗布塘，又迁阿卡寨，又迁直蚌，总共九次搬家。如果不是嫁给在乡粮管所工作的王梓先，不知还要搬几次……

原该有人看见或见证过那一场场浩劫。生者失忆或没有碰上，我只能到碑文中去寻找。早已变成原始森林的莽枝大寨，有赌场遗址、跑马射箭处遗址，有一台连着一台的屋基遗址，有染布池遗址，有挖银矿留下的通风孔，规模之大，让人不敢相信。林中有大庙，“永垂不朽功德碑”还在，捐款人有黄、丁、何、傅、刘、欧阳、吴和王等姓，落款是清嘉庆二十一年，即 1816 年。这说明，当时的大寨正充满了活力，尚在乾隆盛世的天光之中，以茶叶酝酿着一个永垂不朽的梦幻。另一例证，秧林寨中有张兴隆大坟。从坟碑文字看，这个据说是莽枝大寨风云人物的人，生于道光九年，即 1829 年，死于 1919 年，活了 90 岁。如果传说不虚，按其生辰推算，他的一生 90 年，就是大寨由兴而衰的确切时间。

石梁子有一坟，几年前被盗墓者挖开。其碑文如下：“鸿蒙未判，天地初分，伏羲治世，始立人伦。气禀阴阳，气聚而生，气散而亡。寻龙点穴，荣昌者焉。故显考妣詹公门讳聂朝氏老大儒人魂牲之墓。祖籍湖广长沙府人氏。孝男詹国柱。道光二十三年。”此坟当是一个父魂与母牲的合坟，立于1843年。奇怪的是，盗墓人挖开此坟，坟中并无尸骨，埋的是又一写满文字的石碑。不知出于什么心理，盗墓人见此，没有迅速逃走，而是重新将里面挖出的那块石碑又埋了。我的确对这本应埋魂又埋人，但其实却只埋了一块石碑的坟墓充满了好奇，但当有人提议再将坟挖开，看看碑文上写着什么时被我制止了。家谱？藏宝图？茶山史略？咒语？仇杀者名单？瘟疫之苦？械斗？或者其他什么不可告人的秘密？这碑困扰我多天，我只能期盼文管所的人，有一天能将其发掘出来。

石梁子还有一个当地人称“大碑”的墓。墓联：“青山不墨千秋画，绿水无弹万古弦。”碑文：“道光二十四年十二月吉日立。江西省吉府永新乡人氏。清故显考讳曾仁芊老大人之墓。孤子曾东贵敬祀。”此墓2000年被盗，空坟。与此相同的墓，石梁子还有几座。同时，“大碑”旁边，立于道光年代的坟墓亦有多座。

所谓空坟，都是藏埋金银财宝的地方。唐樊绰《云南志》：“南诏家则贮以金瓶，又重以银为函盛之，深藏别室，四时将出祭之。”此还系奢华之举，埋得有人。明代玉笛山人《淮城夜语》：“南诏王……密令崇模弟子正鲲，派掠自成都俘军三千众，凿点苍四库，以储金银宝藏、丝帛奇物，历时五年始成。”这是国库。民国李学诗《滇边野人风土记》：“亦有以挖玉石，取宝石、琥珀、玭珠、砍树胶为生者……稍有盈余，窖藏深山，为再世计，虽至饿死，不肯往取……”此乃小民之举，一如空坟。但以坟而藏财宝，绝对属异举。夷边有藏宝之风，为何偏偏以坟的形式？

小黑江风光

如果说莽枝大庙的建设时间尚是鼎盛之期，后面这几座可找的墓碑，它们所署的时间对这一区域来说，则是乱世。咸丰末年，民族械斗；光绪初年，又一场瘟疫流行，所谓道光二十四年，即1844年，正是风雨欲来、黑云压城的时候，筑坟而藏金，是异乡人唯一的办法。当然，从坟多系道光时所垒这一现象，亦可说，道光之日，亦有瘟疫流行。

所以，当械斗与瘟疫，或夺人命或赶人迁，寨寨空芜，并不奇怪。至于刘氏家谱和“六十年大旺”，一定要把天灾人祸置于一个风水先生的头上，无非是在一个特定的时间，让人们找到了一个解释瘟疫起因的缘由。

七

石梁子寨有一个哑巴，逢人便嗷嗷嗷地说个不停，也许他知道些什么，但又谁都听不懂。正如阿卡寨，至今仍有外省人来信，说某某地方藏着白银，让人取了各分一半。信仍然是看不懂的天书，因为收信人根本找不到他说的地点。藏宝于坟中，藏的人本以为这是最安全的地方，毕竟常人谁也不敢轻易拔外人坟头的一根草，可他们怎么会想到，百多年过去，这一带经常有人拿着金属探测仪，不舍昼夜，奔波于山上。空坟，挖开，既得了宝藏，又不怕鬼缠身，真是一代异人对后一代异人的馈赠。

当然，关于空坟藏宝，还有另一种说法。山上的茶农，1949 年之前都颇有积蓄，1949 年之后划成分，不敢怠慢，便把钱财造坟埋之。也有例外，莽枝人杨顺才，祖上世袭豪门，他没有造坟，而是将财宝装在三个罐子里，桃树下或岩洞中分而藏之。1953 年，他被捕入狱。十多年后回家来，临死，将家中所有的钱一一装在身上，亲戚来伺候他，凡触到藏钱处，便死死捂住。想想所藏的三罐，自己已无力再去找回，便迫不得已地对着有耳疾的妻子说出了藏宝的地点。妻子听清了前两处，第三处没听清。前两处果然有宝，那么第三处又在哪儿呢？全寨子的人都去找，至今没找到。

一个不便透露姓名的老人跟我说，在六大茶山，莽枝人不能跟蛮砖人结婚。一旦有了婚姻，男方都会死掉或日子难熬。他说：“因为两山的祖先发过毒誓，立过诅咒。”他举的例子是，与他同辈的人，凡有此姻亲者，都走了。

我把这事讲给莽枝和蛮砖的年轻人听，他们哈哈大笑，谁都不信。

九

唐人樊绰在《云南志》中说，云南有两种好刀，一种叫铎鞘，如刀戟残刃，积年埋在高土中，用之，所指无不洞也；另一种叫郁刀，造法用毒药虫鱼之类，又淬以白马血，经十数年乃用，中人肌即死。这两种刀，都有些邪门，就算哪一个英雄，以其杀人无数，总让人觉得缺少阳光，非正道。早些年的莽枝人屠蟒，就拒绝使用这样的冷兵器。山上有一种藤类植物名叫葛麻藤的，状如细蛇，柔软而坚韧，传说是蛇的祖先。他们只消把这种藤条往巨蟒的脖子上一套，一拉，巨蟒就会乖乖地跟着他们走。走到寨子里，开阔地上，一阵乱棍，巨蟒的肉就可以煮上几大锅，蟒皮就可以绷无数的三弦琴。莽枝山，我想，此“莽”应当是彼“蟒”，巨蟒太多了，靠曼赛寨的斜坡、龙潭，接牛滚塘的橡胶地，常有它们的身影出没。秧林寨的王建荣说，每次见到这些蟒都是静卧，没有攻击性。它们身上的黄色花纹，每一朵直径都在 8 寸左右，头上的“王”字非常清晰。一般情况下，它们都喜欢盘起来，如爬动，就会在草丛或灌木丛中留下巨大的蛇路，拉出来的屎，有骨头和毛，一坨一坨的，比大碗还大。那些骨头和毛出自麂子，它们是巨蟒的主食。

莽枝人最后一次屠蟒是 30 年前，一说屠了两条，一说屠了三条。反正是有一年春天的某一天，有家人想把放养于山上的一头黄牛弄下来杀了，便请寨子里的人去围捕。人们的说法是，一围这头牛，它就朝野猪洞那儿跑，寨民便撤；过了一阵，又去围牛，牛又朝野猪洞跑。一些胆大的人就围了上去，脚刚踩上野猪做窝的山茅草，蟒蛇的大脑袋就露了出来。结局大家肯定都能想到，连续三天，全寨人都食蟒，就连蟒蛋都有一大盆。记忆中吃了三条蟒的人说，一条 86 公斤，一条 64 公斤，最小那条 43 公斤。至于那头领人们去见蟒的黄牛，第六天才被人们捕杀，剖之，一大堆牛黄在肚子里。不过，那次屠蟒，莽枝山付出了惨重的代价，人们都说，那一年，寨子里的 900 多头牛全部死光，1 600 多头猪除老母猪外也死掉了，有一个星期天，寨子里还连续死了两个人。人们只好杀猪、杀鸡到野猪洞去祭祀，方才得到次年的清静与平安。

制蟒蛇干巴，在莽枝茶山的历史上与制黄牛干巴一样，都是人们存贮肉食的基本方式，但现在它已经绝迹。按象形字的简单读解法，蛇，是另外一种虫类，通灵，讳杀。可蛇之不杀，现在的莽枝人依据的却是法律，偶有偷猎，秘而不宣，谁都不知道，若露了口风，就会有牢狱之灾。都说，现在的山上就常见一巨蟒，足有200公斤左右，太阳一照它，蟒皮反光，就像太阳照在了摩托车的倒车镜上。

在秧林寨里有一古墓，是当年莽枝大寨的风云人物张兴隆的歇息处。因当地人入了民俗，不事祭扫，墓已被粗藤密集地捂了起来。在其墓碑的石块连接处，塞了很多铁锅碎片，照人们的说法，这是异姓人家出的歹毒阴招，以铁压坟，是希望压一下坟主一家的兴旺气象，并让其衰败。这种带有强烈汉文化特征的行为，在死后不垒坟墓的民族区域并不多见。然而，不守山规，终究是汉人迁入夷区之后，最难克服的品行之一。的确，汉人要想彻底融入脚下的土地，远非人死埋骨那么简单。比如，在一些地方，他们植下了自己的山神树，凡清明节就去祭祀，可在他们心目中，山神树所在的地方，并没有像少数民族那样被视为神界，不可靠近。他们极有可能因为私仇或族仇，月黑风高之夜，潜至仇家的山神树下，埋死狗于树底，或直接将麝香埋在树底，不惜一切代价施以黑色的巫术，目的就是将仇家的山神树弄死，以求仇家陡然衰落。此法与在墓上塞铁片，性质和目的是一样的。

在六大茶山，坟，都是异乡人的。

十

站在革登老寨遗址，南北下陷，背依山峦，西北方向的孔明山，在凡人眼中，确像神山。上神山而看六山，六山低伏，状如孔明之兵。然而，我却最乐于在莽枝大寨废墟旁的“老街子”看山，平视，基诺像琴弦，革登像仰睡的女子，倚邦的大黑山像面旗帜，蛮砖像卧狮，易武是天际线。“老街子”曾是瑶族人的家园，他们织布的染池，一个个山腰的大坑，还在。他们从这儿走掉，传说中却不是因为械斗与瘟疫，而是某一天早上，全寨人醒来，突然发现，寨子东边的草丛中，多了两块天上掉下来的巨石。两块石头，一块压着另一块，称“石背石”。巨石来自天上，瑶族人视其为不祥之兆，80 户人家静悄悄地搬走了。他们走后，莽枝大寨果然难逃厄运。

“石背石”现在还在，旁有一株十多米高的羊奶子树，繁茂如莽枝山王冠上的流苏。有一拨拨地质工作者来过，敲石样带走，可检验的结果始终没有传回山上。这天外飞石疑为陨石，周边的人取其石渣为药，据说可以治腹痛。它的旁边有一条人字形的山路，一条通向另外的山，另一条是死路，入了密林便没了。坐在路边的绿草中抽烟，树帘一动，爬出一个人来，口中唱着：“道光时代怪事多，风吹石头滚上坡……”

在此，顺便说一下，1799 年，檀萃所著的《滇海虞衡志》云：“茶山有茶王树，较五山独木，本武侯遗种，至今夷民祀之。”这儿所说的“茶王树”，多有学者不依阮福的《普洱茶记》所做的“革登山有茶王树”的论断定其为南糯山那株 800 多年的人工茶树王，其实不然，从文献资料和民间口碑的叙述来看，这棵茶王树是特指革登茶山阿卡寨（新发）与新酒房寨之间高山上的那棵。曹当斋的后人曹仲益先生，于 1965 年 10 日在《倚邦茶山的历史传说回忆录》一文中说：“奇特的茶王树，真是罕见，它生长在象明区（倚邦）的新发寨背后的高山顶上。据老人讲，这棵茶王树在光绪初年，每年尚可产茶六至七担之多，每季约二担干茶，真是茶树中稀有之物，可惜已死。民国初年，其根部枯干尚存。因传闻已久，我心中甚疑，1963 年元月，我因回家省亲，路经此地，特请当地农民陈小老等二人带我一看，至则枯干已被白蚁吃尽，只存洞穴。当时我带有一小钢尺，约量一下，其洞直径一方为 270 厘米，另一方约为 325 厘米。旁有过去农民祭祀立的碑数堆。学者们指鹿为马，大抵都是不入茶山所致。当然，也有不断史料之因。其实，此茶王树亦出现在 1807 年师范所撰的《滇系》一书中：“又莽枝有茶王树。”只是革登与莽枝相连，师范错把莽枝当革登了。

现在，茶王树所在的地方，是新酒房寨 83 岁的老人鲁金福之孙鲁建华家的茶山。古茶树已稀，茶王树遗坑四周，植了新茶。遗坑用木栅栏围起，坑内移种了另一棵古茶树，或许这棵古茶承受不了如此茶皇宝座，死了。1963 年还在的那堆祭祀碑，只剩基石，碑已不在。倒是距遗坑十多米处有竹棚遗址，问之，王智平说，乃是几年前的一批韩国和日本茶人所建，他们晚上住竹棚，白天则静静地跪在茶王树的遗坑前，持续了一个星期。

这棵茶王树之死，统一的说法是死于雷击。老百姓给出的原因：它立于高山之巅，富者祭以牛，殷者祭以猪，贫者祭以鸡，一年到头，香火不断，夺了老天的威仪，故击之。

十一

在莽枝山、革登山和蛮砖山那些并没有严格分界的山山岭岭之间，孟加拉虎渐渐地变成了记忆，只有年老的人，才会在略作沉思之后说起，某某年在某地曾远远地看见过两只，它们的皮毛在阳光下闪着光。野象偶有出没，但也不多了。每一个生活在这里的人，都像我一样纳闷：以前成群结队的野象，它们究竟去了哪里？统一的说法，天下的任何一头象，都能预感到死期的来临，为此，每当它们看见了迎面走来的死神，无论身在何方，都会立即起程，无论如何，都要在死之前赶往祖先死去之处。死去后，由活着的象为其举行葬礼，而最重要的仪式，就是将死者的象牙拔下来，彻底弄碎。据说那是一个象骨森森的山谷，可没有一个人到过，也没有一个人知道在哪里。人类未解之谜，这也是其中之一。

倚邦、易武记

一

黑山对黑山，牛角对弯弯；
谁能破谜底，金银一大罐。

民间传说，这是刻于倚邦土把总、奋武郎曹秀的妻子陶毓大墓上的一条谜语。曹秀及其父曹当斋，乃至其后人曹世宠、曹世德、曹辉业、曹铭、曹瞻云、曹文应、曹清明、曹仲书等土千总和土把总，各种文献中均有墨痕透纸，古六大茶山的灵魂游荡于曹氏家谱之中。唯独这一谜语盛传于民间。民间，是一部平躺在大地之上的史书，有石头、泥土、植物和生灵，不断地在其间枯荣幻变，催生催死，丰饶和苦难相生相伴。但它往往也像一串无法破解的谜语，谁都很难在土司、贡茶、商旅、匪患、贞节牌坊、皇帝诏书、瘟疫、谋杀和古道等一系列必须加以无数备注的词条中，找出一个有关时间和史实的谜底，并因此得到设谜人所藏的那一大罐金银财宝。而且，普遍情况是，当我们一层层剥开光阴的尘土，往往什么也找不到，每一座坟冢之中，埋葬的只是衣冠和灵魂，那些离坟而去的人，我们真的不知道他们去向何方。更要命的是，诸如阿卡寨，当有人从四川来信，说一个叫“三楞坎”的地方埋着一大堆银子，人们却连哪儿是“三楞坎”都不知道了。

也的确有人醒着，在一连串的风暴眼中，他们因为家族的那盏不灭之灯的照耀，在多年以后，不经意地就道破了天机。在《蛮砖、莽枝、革登记》一节里，大家都看到了，我为时间所困，找不到古六大茶山衰败的原因，可到了曹氏家族的手上，这纯粹是小儿科。与 1936 年承袭倚邦土司之职的曹仲书同辈的曹仲益先生，在 1965 年 10 月说：“病疫的流行，尤以道光年间以及民国初年两次较为严重……又一份资料写道，道光二十五六年间，茶民俱遭瘟疫，无药治疗，三死其二，故应解贡典，不能早完。此证实当时人口死亡甚众。”话语中的两个时间概念，道光二十五六年间，即我所考察的孔明山下石梁子寨众多坟冢的葬埋时间；民国初年，则是莽枝大寨豪门张氏、革登大寨邵氏等家族的衰败期。没错，都是瘟疫葬送着人间的命运，都是瘟疫在主持着一场生与死的悲喜剧。两个时间，先倚邦，后易武，人没逃过厄运，茶亦没能幸免。想想，当“三死其二”，或如莽枝刘氏“十六弟兄如数死光”，或如革登潘氏“九弟兄剩一”，人烟早已被抽空了，什么贡茶，什么倚邦和易武，岂有不空之理？

二

2006年，《西双版纳日报》创办《普洱茶周刊》版时，我的朋友刘大江曾约我写发刊词。在那篇短文中，我强调了这样两个观点：第一，普洱茶乃是喜马拉雅文化圈里的产物，别之于传统中国茶文化；第二，在100年时间里，伟大的倚邦和易武，由大都市变成了废墟，上海则由小渔村变成了大都市，云南的区域文化存在着严重的反向或返祖现象。

说倚邦和易武是大都市，是基于古代的城建规模，而非今日以千万人口之众来衡别大城之大。说倚邦、易武之大，最确切的资料源于檀萃之《滇海虞衡志》："……周八百里，入山作茶者数十万人，茶客收买运于各处……"数十万人，集于六山之间，是不少了，如若都屯居于倚邦或易武，则不堪其众。因人众而为城，素来都是人类发展史上的惯例，因此，自清雍正七年，即1729年开始，倚邦都是倚邦土把总司的所在地，1927年曾设县称象明县。至于易武，亦于1729年因伍乍虎（善甫）"率练杀贼有功"授土把总世职，而成为易武土把总司所在地，历经伍朝贵、伍朝元、伍英降、伍耀祖、伍荣曾、伍定成、伍长春、伍树勋和伍元熙等十代土司，1929年由象明县分出，设镇越县。

易武有一石洞，或称马道子石洞，或称白云洞，或称仙人洞。傣语称"探目易武莱"，探目，洞之意；易武，母蛇或女蛇之意；莱，花朵之意。全句即"花朵般美丽的母蛇居住的石洞"，这就是易武被称为"美女蛇居住的地方"的来源。在这个洞中，有清人张汝恭题写的"天涯"二字，字风字骨，与海南三亚的"天涯"大同小异，都是天地的死角，石壁上的字犹如偏居林中的象，壮硕肥美，但又如逼至绝路的英雄，铁骨成灰。"天涯"二字的旁边，是1896年云贵总督菘蕃派往此地，与法国人勘界并割让勐乌和乌德两地的官员们题写的诗词。其中一个叫许台身的，一贯的汉官脾气，说什么"若使祖龙鞭可惜，岂容流落到南蛮"，

他以为这个南蛮石洞配不上他，真是不知敬畏。不过，他的《浪淘沙》倒是说出了他们这些只知割土求和的清代官僚的国格之痛和人格之小："奉使出岩边，谋虑多艰，才疏朝夕愧无闻。最憾重洋来外侮，民事堪怜。世事莫争妍，沧海常迁，天留奇洞在人间。补种桃花三百树，循迹桃源。"真是弄不明白，国难当头，土地割了，他还想着在这儿补种桃花，隐居了事。与许台身一起来的，还有一个人叫黎肇元，也在石壁上写了《浪淘沙》："边地寄行踪，直道难容，盘根错节难英雄。璞抱荆山空自叹，气吐长虹。往返两春冬，世事朦胧，欺君秦松主和戎。纵有张韩刘岳志，失水蛟龙。"读这种人的词，总让人觉得晦气，有负易武的青山绿水，镌刻于石，石之大辱。一下子就想起了对英法等帝国进行"零容忍"的林则徐，他一样的不得志，在纵欲自戕的咸丰帝的掌心里，宦海沉浮，身不由己，可他一旦有机会直面洋人，出口的诗句惊天地、泣鬼神："力微任重久神疲，再竭衰庸定不支。苟利国家生死以，岂因祸福避趋之？谪居正是君恩厚，养拙刚于戍卒宜。戏与山妻谈故事，试吟断送老头皮。"因为如此，英国蜡像馆在鸦片战争后不久，还无限敬仰地为林则徐夫妇塑造了蜡像，特拉维斯·黑尼斯三世和弗兰克·萨奈罗合著的《鸦片战争·一个帝国的沉迷和另一个帝国的堕落》一书中，亦称林则徐"像碧蓝如洗的天空一样纯洁无瑕"。反观这两个偷生于易武、一副失魂落魄状的小官僚，真让人哭笑不得，他们的气度，与镇越县长、宣威人赵思治相比，都是人鬼两重天。赵思治刻于石壁的诗云："两场古洞本相间，只为兵农日往还。壁峭悬岩难结草，泉清亭小可培兰。喜邻桃源添广厦，啸傲竹城含远山。金瓯已缺空浩叹，国防重寄在荒蛮。"

明清茶热，缘于清朝廷于六大茶山采办贡茶，并于倚邦的曼松建御茶园，且于道光二十五年，即 1845 年修通了易武至普洱的 240 多公里的石板大路，辅之民国又设县治于倚邦和易武。倚邦和易武，连同曾设同知的基诺山巴高，无疑都以茶叶的名义，在中国的边缘政治史上，留下了堪称神来之笔的一阙华章。神鬼莫测的是，不足百年，几度兴衰；再不足百年，1942 年，攸乐起义，战乱中倚邦毁于大火，之后便一蹶不振；易武虽未遭较大的颠覆，亦唇亡齿寒，满目都是废墟。自 2000 年以来，我多次徜徉于倚邦街和易武镇，最大的感触，它们并没有因近年的普洱茶还魂而强势崛起，除了一拥而上的制茶作坊透出勃勃生机以外，两个名满天下的普洱茶圣地，仍然像天下无数的圣地一样暮气沉沉。钢筋水泥的房子多起来了，与制茶有关的残碑、压茶石、庙宇和会馆，却在大踏步地消失。与那些埋魂的古墓相反，我的印象中，当代代相传的普洱茶文化之魂，被人们用当代的咒语和魔符逐出寨门，这儿存活的无非是普洱茶的行尸走肉。我不是一个工商文明时代的悲观主义者，可曹仲益先生《倚邦茶山的历史传说回忆录》中的一段文字，如金石之声，洪钟大吕，震得我耳膜欲裂："民国二年，内地汉商又逐渐流入茶山，才又将茶叶经营起来……此次茶叶经营的兴起，历史不过二十几年，虽然远不及过去清朝时代，但也可观……又听人讲，这次茶叶的衰退，源于茶商抢购当中，制造了部分假茶，特别是易武搞得较多，致使对方不买。所以历史的名茶倒了牌子，造成制茶停业（此事记得是我在易武区曼腊乡丁家寨杨玉勋处所闻，该人原是那里的本地人，而且也是小茶商之一，我自己也认为可能有之），从此以后，茶号倒闭，使倚邦的茶业遭到了严重的不可弥补的损失。"众所周知，在解释民国时期的古六大茶山普洱茶衰败之因时，常见的解释都说缘于法国人的无端打压，使越南这一普洱茶的最大聚散地受到了不可想象的破坏，但曹仲益先生的文字，却让人在疯狂地把外因罪责无限扩大的时候，一针见血地挑开了内因的巨大脓疮。我知茶农命运多艰多舛，我亦高声呼吁建立"古六大茶山普洱茶文化保护区"，可当历史的闹剧露出重演之势，我亦只能像题诗于石壁的那两个小官一样，空叹息。

为此，从人类文化学的立场来看，倚邦和易武，仍然在不断地缩小。《后汉书·南蛮传》曰“交趾……西有噉人国，生首子辄解而食之，谓之宜弟……”这种“食长子之风”，《墨子·鲁问》云：“楚之南有啖人之国者桥，其国之长子生，则鲜而食之，谓之宜弟。”同样，在《墨子·节葬》中也有记载：“越之东有骇沐之国者，其长子生，则解而食之，谓之宜弟。”噉人国、啖人国和骇沐国，之所以食长子，据说是因为这些国家的人们婚前性行为极度自由，长子往往不知来路，为了纯洁血统，所以食之，而且这些国家有幼子继承父业的传统，长子不食，恐生后患。这种“宜弟”之习，让人毛骨悚然，但如若我们把古六大茶山视之为普洱茶的父母，把祖先传袭下来的普洱茶文化视为父母所生的长子，那也就不难发现，“食长子之风”并没有灭绝，所谓“宜弟”，不仅没纯洁血统，反而让那些打着科学旗号，用外人捐献得来的精液，靠试管人工孕育而成的孩子，掌管了父母的领地。

也就是上一个月，在我走访古六大茶山的时候，曾接过一位朋友的电话，她说，针对某些强势媒体对普洱茶的恶意攻讦，一些茶商和学者，

在昆明召开“保卫普洱茶研讨会”，希望我参加。我肯定不会参加。第一，在我心中仙品一样的普洱茶，不需要谁来保卫。第二，面对一点点风雨，淡定寂静并屡遭内外邪力挤压的普洱茶，具有一笑置之的品性。第三，南糯山的古茶树王一听“保护”二字，自己就被吓死了，“保护”二字，犯凶；同样，当易武成立了普洱茶博物馆，我力主的“保护”所导致的是，向守馆的工作人员敬索一点文史资料，他的第一句话是“拿钱来”，所谓“保护”，不是推广和分享，而是封锁和垄断。第四，别人是在为保卫自己的钱袋子而努力，我在旁边喊口号，自作多情。第五，别谈保卫，洗手焚香，认真做茶，茶之大幸焉！第六，授人话柄，还不让人说，天下哪儿有这样的理？巴菲特有句名言在世界上广为流传：“只有在潮水退去时，才知道谁一直在裸泳。”我以为，有此潮水退去的良机，不妨让我们看看究竟是谁一直在不知廉耻地裸泳，因为我也早已厌烦了个别败坏普洱茶清誉的不良茶商。

三

在距倚邦街两公里左右的一道山梁上，埋着“普洱茶之父”曹当斋，这道山梁也因此被称为“官坟梁子”。与易武土司伍乍虎一样，倚邦土司曹当斋，于清雍正七年，即1729年，因“率练杀贼（缅甸军队）有功”而被授土千总世职，乾隆三十三年，即1768年，以军功升土守备，其辖攸乐、架布、习崆、莽枝、蛮砖和革登六大茶山。在整个清代，倚邦一直都是古六大茶山的心脏，而作为清朝廷的土千总和土守备，亦作为清政府任命的第一位六大茶山贡茶采办官，曹当斋在统治六大茶山期间，其最大的功劳，也许并不是他将普洱茶推到了贡茶的位置上，更重要的是，他从四川等地招募了大量的人员入山种茶，使六山真正地成为了茶叶之山。《勐腊县志》载：“清雍正元年（1723年）前，茶区农民就采制树林茶，即大叶种茶。雍正年间（1723—1735年）石屏、楚雄、四川等地汉族迁来本地茶区后，带动当地少数民族开始对树林茶进行改造，砍去茶树周围的杂树草，翻松茶地，实行中耕管理。乾隆嘉庆年间（1736—1820年）开山种茶，大建茶园，实行育苗移植法种茶，品种均为大叶种茶。”此中所列时间，绝大部分都属曹当斋执政期，只有其死后（乾隆三十八年，即1773年）的时间，才是其子曹秀当政。也就是说，在曹当斋管理古六大茶山的44年内，历雍正和乾隆两朝，以非凡的远见卓识和强大的执行力，安抚夷民，开山种茶，整修道路，打击奸商，营建了普洱茶空前绝后的黄金时代，让几千年来隐身滇土的普洱茶走上了波澜壮阔的茶叶贸易的历史舞台，并夯实了普洱茶作为贡茶的茶山根基，其开辟的曼松御茶园，更是把普洱茶的历史地位推至了巅峰。

“官坟梁子”距倚邦两公里左右的路程，但要从乡村公路下到曹当斋的墓穴处，则要走半个多小时的林中小路。小路的入口处，长满了最常见的飞机草，一种极端丑陋而繁殖力又无比强劲的草。据说这种草之所以叫“飞机草”，乃是因为它们是抗战时期日本人的飞机撒播下来的，日本人的目的，就是要让这一片锦绣河山变得丑陋不堪。我不懂植物学，什么时候得求证一下。在飞机草旁边，丢着一双沾满了泥泞的旅游鞋，想必是某个茶人，在拜祭了“普洱茶之父”后，在此换鞋而遗下的。

路至林中，以一小块空地为圆心，分成了很多条小路。与我同行的王智平，一边采食野果和野树尖，一边跟我说，任何一条路都通向当斋墓。并且，还补充了一句：“我也要好好做茶，至少要把普洱茶的传统文化精髓传承下去，让人们能喝到最好的普洱茶。等到死了，也建一个墓碑，让无数的人们在墓前走出一条路！”想想，他说得非常有理，曹当斋这个入山做茶的川人后裔，尽管他全部的心力并非只花在茶上，但成为土司，他的德行，须服众，一个异乡客，血统不正，服众之艰更甚；作为朝廷命官，才智韬略，杀贼驱虏之功，须在人上，既不惹怒山水，又要邀民心，悦朝廷，殊为不易！埋骨山野者，何其多矣，能在极地开辟近二百年的家业而上下皆誉者，不多。从其阅历，我们亦发现这样一个真理，作为一个好土司和好的朝廷命官，他肯定做下了数不清的善举德行，可令其名垂青史的却是普洱茶，何也？为民生计，一善传万年。我之仰当斋，因他不像其他汉官因文化和生理上的水土不服而出言不逊，他力主汉风融入夷风，就连家族的血液，也都化作了这片土地的甘霖。仅乾隆一朝，曹氏两度为帝王敕命，所谓世俗的荣耀，也难出其二了。据家住莽枝山牛滚塘的袁其先老先生讲，曹家的一位后人，曾著书叙述曹家与古六大茶山的血缘史，我想读之，可惜都毁于“文化大革命”，一本都找不到了。

桃李无言，下自成蹊。我所选的那条通向当斋墓的路，树影浮动，太阳的光，一块一块的，就好像在天上人间的旅程上，有无数的神灵在不停地搬运黄金。与我想象中的圣灵之墓存在巨大的差异，我以为当斋

之墓，一定有维护和修缮，而实际情况是，这一个古六大茶山的心脏，敕命碑旁长出了大树，碑体倾斜，欲倒未倒；坟墓亦如其他古墓，明显地惨遭过人工的践踏，一种类似于勿忘我的蓝色小花，淹没了被打掉下来的古狮子头。唯一忠心的是一群蝴蝶，绕着坟墓，上下翻飞。若人魂真能化蝶，想必其中的某一只，就是 1773 年曹当斋那不死之魂所变，两百多年过去了，它仍不肯离开，因为从这儿就可以看见倚邦街，尽管那儿的土司府只剩下了几块柱石，像围棋中的残局，永远不会再有人去接着对弈。当斋坟的四周还有多座曹氏之墓，都被一一盗过，刨口处的野草和青藤，极力地想缝合这道德沦丧时代人类所留下的、象征兽行的耻辱之门，可它们依然敞开着。当高贵者的歇息处变成了人类谱写邪恶之诗的舞台，我这一个诗人，满脸羞愧，泪化成血。也许几双盗墓人的手，拿走的只是一点点殉葬之物，而疯狂的“盗心”抽空的却是神殿的基石。

立于坟墓约 10 米外的大碑，亦称安人碑，当地人称“乾隆大碑”。碑高 2.35 米，宽 0.73 米，碑顶和两端刻有龙头龙身，龙头欲交未交处，是乾隆皇帝的玉玺。碑文如下：

奉

天承运

皇帝制曰国威覃布勤瞽之思武备勤修允重干城之选尔云南普洱府属茶山倚邦土千总曹当斋材勇著闻鞘钤娴习戍行振饬具知土伍无伟军政修明因见拊循有素欣逢庆典宜焕温綸兹以覃恩授尔为聪信校尉锡文敕命于策戏幕府文勋名祇承休命荷天家之光宠物替伐劳

制曰策府疏勋甄武臣之茋绩寝门

沿业阐贤助之徽音尔云南普洱府属茶山

倚邦土千总曹当斋之妻叶化毓货名

闺仵嫔右族撷苹采藻凤彰宜室文夙说

礼教诗具见同心之雅茹以覃恩封尔为

安人于戏锡宠章于闺阃惠向常流荷嘉奖

于缘绘劳声永劭命

乾隆贰年叁月初陆日须

文宝

与此碑相似的，还有倚邦大黑山当斋之子曹秀之妻的古墓碑坑，碑文尚存于文献，碑已遭毁。碑文亦是乾隆皇帝的敕命。当地人称之为“贞节女牌坊”，因为曹秀率兵抗击入侵的缅兵，英年早逝，这位傣族“孺人”守寡近40年。敕命时间为乾隆四十二年，碑文大致相同，最大的异处是，当斋之妻被封为“安人”，曹秀之妻被封为“孺人”，此处不录。据传，大黑山古墓，规模极盛，用大象驮来的大理石，经50个内地请来的工匠精心雕塑，搭设起来的墓园，在此不尚坟垒的夷边，犹如天堂。为此，也才难逃“文化大革命”之厄。有传闻，毁此墓用的是炸药，不知是否属实。我曾在云南昭通永善县的佛滩乡，见识过以炸药炸毁吞都庙宇会馆所留下的废墟，手法雷同，时岁相当，想必没什么意外。

建一种新文化，就要把旧文化连根拔掉，这是人类文明史上屡有发生的重大行为之一。前几日，吾兄万迪恒赠我西林所编《残照记》一书，辑录的均是1840年至2000年一些中国人临死前的遗言。上有“中国维新第一导师”翁同龢的绝笔诗：“六十年中事，伤心到盖棺；不将两行泪，轻向汝曹弹。”唉，如果坟中人还能流泪，他们会对生者流吗？同时，书中还录了段祺瑞的遗言“八勿”。其中有“二勿”：“……司教育者，勿忘保存国粹；治家者，勿弃国有之礼教。”这“二勿”，在曹氏坟茔之毁的关节中，都反其道而行之了。鲁迅先生写过有关“三·一八惨案”的文章，即著名的《记念刘和珍君》。这一惨案发生时，段祺瑞是民国总理，他闻讯后，立即赶到现场，面对死者长跪不起，随后严惩凶手，并引咎辞职，终生食素，以示忏悔。他之遗言，亦是国之粹！

1942 年攸乐战乱的大火，在焚烧倚邦街的时候，口号是：“杀鸡不剥皮，杀汉要留彝。”因此，整座倚邦山城，只剩下了与基诺族有亲戚关系的倚邦乡长宋耀光一家的房子，什么土司府，什么关帝庙、川主庙、石屏会馆、江西会馆，什么正街、石屏街、曼松街，什么园信公、惠民号、升义祥、鸣昌号等茶庄，统统都变成了火中飞花，现在的所谓惠民号遗址，无非是在相同的地方又建起了一座房子，唯一承袭的，是一块不知从哪一座旧宅上搬来的浮雕石条。这样的石条以及石碑，杂草中、街面上都能见到，正如曹家的那座府邸，一家之石，变成了多家之石，或镶之于墙，或饰之灶台，或为台阶，或深埋于土。埋在土里，又常被雨水冲出来的，是清朝各个时代的旧币，我曾遇到一个操红河口音的老太太，提来一塑料袋，让我们辨识。

倚邦街，一条荒街。出倚邦的古道口，有一台球桌，几个小孩围在周围。有人藏了清代的一块匾，上书：“福庇西南”，按字义分析，疑为曹府之物。匾挂于墙上，墙脚就是地铺，所谓福光，照耀的，更多是睡眠。

四

王崧的《云南通志·宁洱县采访》中，对古六大茶山的界定是倚邦、架布、习崆、蛮砖、革登和易武，没有攸乐和莽枝，但更确切的说法，所谓六山者，有莽枝和攸乐，而无架布与习崆。但从这说法中，我们还是可以看出，架布和习崆在古六大茶山的历史上，一定扮演过重要的角色。原普洱县外贸局局长赵志淳先生，1983年在一篇文章中说："经查考史料，据《普洱府志·地理志四》所载，攸乐山分为架布、习崆二山，所以架布、习崆实际上就是攸乐山。"这一说法，是错误的。第一，架布与习崆，远隔攸乐山，中间立着革登、莽枝和蛮砖，与攸乐山一点关系都没有；第二，王崧所谓"古六大茶山"，更多的立意基于倚邦土司所辖，无非弃攸乐和莽枝而取架布与习崆，易武乃易武土司所辖，取之，则是混淆之过；第三，架布与习崆，本就有独自成山成名的综合实力，所谓命名，一时之势也，不排除王崧捉笔之时，架布与习崆正如日中天的可能；第四，于官方文献中进行推理和考证，远不及田野考察来得确切。

架布与习崆一如彗星，一闪，划过天际，便消失了。但这两座山，今日仍是茶山，划属于倚邦茶山。或者说，自古以来，这两座山一直都系倚邦茶山的一部分，无非有人将其单独地拆分出来。就像今日的班章，从来都藏身于布朗山，因其声名大噪，有人便只知班章而不识布朗山。不同的是，倚邦太盛，习崆和架布，永远都不可能盖住它。

习崆离现在的象明乡所在地，只有几里路。站在象明街上就可以看见高耸入云的习崆岩子，那儿每天早上都飘着白雾，时隐时现，状如象明街的守护神。王梓先老先生说，以前去习崆，翻此山就要两个小时。现在，乡村公路修通了，20分钟就可到达习崆老寨。在老寨处看这面山岩，像一只巨大的乳房。作为习崆人，致力于古六大茶山历史考证的高发昌先生说，习崆老寨，原有 800 多户人家。现在一户都没有了，搬至山下的习崆新寨，也只有几十户人家。寨基所在处，重新长出来的大树，或砍或烧，躺在玉米秧子中间，都足以诉说一段繁茂的成长史，在时间的河流上，老寨在那头，我在这头，彼此都抵达不了。我让王梓先老人指认寨基，他也觉得好笑，因为他指向之处，所谓石板大道、所谓纵横旁出的街道、所谓依山而筑的房子，仿佛从来就没有过，纯粹就是一个虚拟的王国，类似于基诺人的司杰卓密。作为昔日这些老寨烘托的雅典——倚邦街，都已成为一个只有 43 户人家的荒村；而且，当得知生长茶树的皇亲国戚的曼松也只剩下 33 户人家时，我实在找不出理由，威逼来往的清风，将它们带走的人们全都喊回来。

人云亦云的石板路，早就躲起来了。遍山的茶树，也像它们的主人，不知去向何方，更多的是刚刚栽下的橡胶林。据象明乡政府统计，习崆一山，2006 年产古树茶，仅有一吨，我怀疑此字据，可白纸黑字，我一点也不敢把它改成 100 吨。从习崆老寨旁新修的泥土路继续朝大山深处走，路的两旁生长着一种叫“割皮树”的植物。这种树，叶片可以喂猪，树皮因其纤维密实而成为手工造纸的上佳原料。我查了一下资料，这种“割皮树”，就是植物学中的构树，且西双版纳傣族地区一直有生产“构皮纸”的传统。这种纸的生产，可上溯至明朝时的“景东青纸”。明代陈文《景泰云南图经志书》在言及景东府土产时云：“青纸，其色胜于别郡所出者。”天启《滇志》亦云：“景东青纸，青出于蓝，宜其多也……物货之靛与纸，以供本地绰绰然，省城亦亟称。”

“割皮树”生长的地方，习崆人曾在此造纸，旁有一河，名纸厂河。按傣族制作构皮纸的方式，其程序是：①取构树皮，晒干；②将成捆的树皮，浸泡一天左右的时间，使之变软；③放树皮于大铁锅中蒸煮，加草木灰，搅拌，直至树皮被煮烂；④将纸料放入河中冲洗，弃草木灰和料筋等杂质；⑤将纸料置于木桩上捶打半个小时左右，取匀细的纸浆；⑥纸料投入装水的地坑，以纱布帘抄纸；⑦放至阳光下暴晒，是为晒纸；⑧晒纸至半干，以小碗轻磨纸面，是为砑光，20 分钟一次，共三次；⑨纸晒一小时左右即干，可揭下，即是构皮纸。

纸厂河边的纸厂，现在只剩比人还深的青草所湮没的蒸煮房和地坑、石碾、石磨和石臼各一。与纯手工的傣族手工捶打纸料不同，这儿制纸，因巨大的石碾、石磨和石臼的存在，再加之那蒸煮房规模一如现在的厂房，想必规模要大得多。

此法造的纸，韧性强，很难撕裂，人们用于缅寺经书的抄写、祭祀用纸、孔明灯制作、纸伞制作等。可这些都是针对傣族和布朗族聚居的区域而言，在傣寨极少。而以产茶为主的古六大茶山中，特别是在茶坊林立的倚邦和易武，这种纸的用途，当是用于包装茶饼为主。我见识过一些类似于同庆号和宋聘号流传下来的百年普洱茶七子饼，用的正是这种土纸包装。现在的部分手工茶坊，制作顶尖的茶品，亦用此纸，只是六大茶山中已无制纸作坊，土纸多出自景洪和勐海。

说纸厂河边的纸厂，其所生产的纸用于茶叶包装，还有一个最重要的理由，它随茶兴而兴，当倚邦、习崆凋敝了，它也就消失了。显而易见的是，在纸厂兴盛的时候，这儿也是一个文化中心。纸厂旁边有两个山峦，一个刻凿“观音老母”和“训虎神”于绝壁之上，另一个则刻凿六臂持梭的“牛王爷”于巨石。观音寺所在巨石下，曾立有土墙，已经倒颓，废墟上，有一束野花和一块红布，不久前，还有人来拜过。以前，“观音老母”的左右两边，还有一对石狮子，也不知被谁撬走了。就像

去年王梓先先生还看见的一个石碾子，今年再来，也被人取走了。“这一带的人，求子拜观音，求女拜牛王爷，但拜牛王爷的人少之又少。”王梓先说。牛王爷两臂高举，托举圆形之物，分明是日和月，可当地人说，是茶饼。

五

茶叶贸易的萧条，直接导致了茶树的消失。无数的茶农跟我讲过，以前这一带山山皆茶，但因价贱，人们又没饭吃，只好砍茶种玉米。以近十年为例，所谓古树茶原料，每公斤：1997年3元，1998年8元，1999年16元，2000年32元，2001年45元，2002年56元，2003年和2004年85元，2005年150元，2006年180元，2007年400元，由此可以看出，若要让茶农以茶活命，至2000年后方有可能。有我国港台地区和一些外国人来看茶山，听说大量的古茶树毁于刀斧和大火，一副痛心疾首的样子，真是幼稚，当生存权都难以维护，古茶树又有何用？而且，这些茶树成百上千年生长在这儿，年年都有采摘，你不识之而着迷于其他茶品，谁之过？

与茶树的消失相比，人和寨子的消失更令人捶胸顿足。如果说习崆老寨的消失，尚有搬迁之因，那么，架布老寨的消失则显然是因为瘟疫。这是我所探访的众多老寨中，唯一一座寨子废墟与坟地紧紧相连的老寨。看着那景象，我第一次明白了“谷子黄，病上床，闷头摆子似虎狼，旧尸未曾抬下楼，新尸又在竹楼上”这首民谣所寓寄的生死惶恐，并且也可以想象出，当虎狼般的瘟疫来临，人们是如何地手忙脚乱，根本来不及把亲人的尸首葬之坟山，而是在寨旁便草草下葬。众多的坟茔，只有少数被盗过的有碑，其余都是三块石条立于坟头。不管是发生在道光年间或民国初年的“大瘟”，这些寨子边的坟，肯定不会有一根骨头上刻着时间的考证游戏，所谓死者的诉说，是满树的以蝉为首的昆虫叫鸣，大合唱，让你发晕、腿软、心虚、气短。

实际情况是，这样的山野间，从来就不会有白骨森森，冒出一块来，立马就成了野兽的腹中餐。王梓先老人有着足够的原始森林探索经验，在他引我入此老寨的途中，他一边执一束树枝于手，前拍我的背，后拍

他的背。疯狂的毒蝇，一分钟时间，就有可能歇满人的脊背，它们那尖利的细唇，隔衣而入，让人奇痒难忍；一边，他总是指着路过的地方，根据痕迹告知我，哪儿是白鹇啄蚁时留下，哪儿又是金钱豹打滚的地方。见到有灌木沿一个方向总是被折断，他说是狩猎者所留的标记……

架布老寨所在的山梁，是习崆老寨所在的山梁的另一面，站在更高的山梁上看，它是世界上最大的一颗绿宝石。进入其体内，则入了“毒蝇小国”。但不管是绿宝石还是“毒蝇小国”，也只有天才的空想家或视死如归的铁血壮士才会相信，里面曾有过一个 100 多户人家居住的寨子。没有王梓先老人同行，我不敢入；有了王梓先老人同行，每向前走一步，我亦担心会不会永远找不到出口。树木把天空都遮掩了，藤蔓和杂草把空间都塞满了。不愿做不吉的想象，可我始终觉得自己入了鸿蒙未开的领域，这儿不属于人类，它属于其他生灵。在看不见树木的都市，我肯定想象不出，原来树木、藤条、野花、腐殖土和昆虫的身体及叫声，这些人间越来越少的奢侈品，竟然可以组合成黑暗的王国。什么概念？264 科高等植物，1471 属 3 893 种变种和亚种，在此自由繁衍生息，这植物的天堂，理所应当地就会孕育死亡、幻觉、幻境和幻象，理所应当地就会赐我无边的恐惧。不担心结满糜烂之果的大象耳朵树背后会跳出一头金钱豹，也不担心树根像桃子、花蒂像丁香、果实像棕榈的疯婆娘树后面会站着鬼魂，我的恐惧是这一片森林，唤醒了我与生俱来的所有勇气和意志，又在一瞬之间，将其消灭殆尽，剩下虚弱和不安。

林中没有空地，见到天空的地方，那儿站着一棵比其他树更大也更老的树，它浑身都已土化，长满了寄生植物，但它还活着，活得让其他树不敢轻易往它身上靠。它的老，每一寸肌肤，每一根树干，都像死过了千百回。它的下面，山势平缓。王梓先老人说，这是寨子的入口，树是寨中的神树，因为祭祀，这儿不知杀死过多少头牛。过了神树，一片高地上有一座大庙的废墟，庙墙是石垒的、供神的地方，堆满了一尺长、五寸宽的大青砖，入庙门，有三级平台，每一级平台下又有数级台阶……可这哪儿是庙啊，全是参天的大树恣意生长，倒像是人们在大树的底下，以树为神，筑了些通向树神的台阶，设了些拜树的祭坛，而这些树又不买账，静悄悄地就把这些人工的设施一一地弄坏了。义字当头的关圣人，他的金身是在这儿矗立过，监督天涯聚众而居的人们，可是，他也不在了。凡庙必有的功德碑，王梓先老人以刀探遍杂草和灌木丛，也寻不见，想必被山神收藏在了他的博物馆内了。最显眼的是两个被损的龙头，冒出腐殖土，鳞片间的石痕，全是青苔，以树叶一再地拂拭，方露出本色。

大庙下的寨子遗址，与大庙无异，当年的堂屋、卧室、厢房、灶台处，一一站着合抱粗的大树，石条路和舂米臼像天外飞来之物，缩身于角落，一个个旧屋基，像金钱豹打滚弄出来的平台。一阵大风吹，树树附和，疑有人声，疑有路过的孟加拉虎的叹息。寨子的格局其实极有气象，错落有致，而且向阳，可人工留下的，除了不腐的石头和砖，竟只找到一截还站着的柱子，王梓先老人说，这是铁木。但铁木也已被雨水一再地剥洗，像我在新疆沙漠上看见的那些胡杨木的骨头。

大庙之毁，据说毁于人工；寨子之毁，则毁于天意。在众坟之间，王梓先老人曾力图找一座“吹大烟的人”的坟让我看，说凡是这种坟，不但无碑，后人还会在坟头置一铜烟嘴，翻了一堆堆树叶，找了半天，就是没找着一个铜烟嘴。其实在这儿，这种因吹大烟而亡者，或许才是善终，他不仓促，他的后人也不仓促。

六

香港、台湾地区有一说法："侠有金庸，史有高阳，吃有鲁孙。"鲁孙即唐鲁孙，本名葆森，满族镶红旗后裔，珍妃的侄孙，其洋洋洒洒的谈吃文章，上至皇家珍馐，下至苍生小吃，天南地北，无所不包，让无数移居台湾的大陆人害尽了相思之苦。那谁是珍妃呢？珍妃者，光绪皇帝最宠爱的妃子和政治上的红颜知己，空怀救国济世之心，死于慈禧之手。她之死，全因她太爱光绪并对光绪寄托了太多的政治梦想。说珍妃，当然是想强调唐鲁孙的血统，强调唐鲁孙的血统，当然是想引用这位"华人谈吃第一人"说出的关于普洱茶的文字。他在《说烟、话茶、谈酒》一文中说："宣统出宫后，故宫清理善后委员会曾经在神武门出售一批剩余物资，有大批云南普洱茶出售。先祖母说百年以上的古老普洱茶可以消食化水、治感冒、祛风湿，价钱比中等香片价钱还便宜，所以买了若干存起来。到了冬天吃烤肉，吃完有时觉得胸嗝饱胀，沏上一壶普洱茶，酽酽地喝上两杯，那比吃苏打片、强胃散还来得有效呢！"引此段文字，有两个佐证目的：第一，今年因普洱茶风靡全国，有一些权威机构的专家跳了出来，痛斥普洱茶，说普洱茶放久了，便无味，功效之说乃是炒作；第二，唐鲁孙文中所说的"先祖母"，当与珍妃年纪相当，珍妃死时25岁，随后便是清朝廷的亡命期。他所言的上百年的普洱茶，按大致的时间推测，当产于清乾隆、嘉庆和道光时期，也正是普洱茶的鼎盛之时，意即出自倚邦或易武。现在许多的所谓专家，上百年的普洱茶，他们是没有见过的，更不可能"酽酽地喝上两杯"，那他们为什么要对普洱茶说三道四呢？唐鲁孙之言，不知能否堵住他们的嘴？至于强调这些百年普洱产于倚邦或易武，乃是因为在皇家茶官曹当斋的史迹上缠绕了半天，理应告慰他在天之灵，所谓贡茶，贵胄子弟唐鲁孙都喝到了，而且上了百年，还是"酽酽地"，只是稍有不幸，因为清代的皇帝一出宫，普洱茶不仅不"价等兼金"，而且还赶不上北京市民所喝的中等香片的价格了，真是此一时彼一时。

想想，为了把这些茶弄上北京，为了让茶山宁静并尽可能地多收些赋税，倚邦的曹府和易武的伍府，做出了多大的努力。特别是易武，这一个南诏时的“利润城”，在“以茶治边”的年代里，便如迤南天际的一轮太阳，以茶之利而充军需，光焰炙人。而当明末清初的植茶大潮勃兴之后，《镇越县新志稿》载，嘉庆和道光时，年产茶可达 10 万担，制茶运茶人 6 万，易武、麻黑、曼撒、曼洛等山川间的小寨，也因此而土木兴、城镇起，会馆林立。就像曹氏获敕命，这边的茶庄也于光绪二十年获御赐“瑞贡天朝”之匾，所不同的是，一赐官，一赐商，官正获赐稍易，商正获赐太难。官正则商正的概率大，商正则未必官正。就为了唐鲁孙这样的人家“酽酽地”喝，我以为，易武这一古代普洱茶的圣地，历史上最具人性之光的一桩事件发生了。那就是道光十八年，即 1838 年，茶商张应兆于易武刻立了“茶案碑”，碑文如下：

断案碑记小引

窃维已甚之行，圣人不为，凡事属已甚，未有不起争端也。如易武春茶之税，每担收一两七八钱，已甚竭极，故道光四年，兆约同萧升堂、胡邦直等上控，求减至七钱二分，似于地方大有裨益。乃道光十七年兆之二子张瑞、张煌幸同入库，兆到山涗，易官论茶民帮助此须，似合情理，奈王从五、陈继绍不惟怂恿易官不谕，且代禀思茅，罗主差提刑责，掌责收监伊等之伙党暴虐，额外科派概置不论，兆又约同吕文彩等控经。

南道胡大人蒙批仰

普洱府黄主讯断全案烦冗

将祥

道移思扎饬易官遵奉

缘由勒石以志不朽云

谨将署普洱府正堂黄主祥上移下文卷定章录刊于左

查此案前经敝

署府审看得石屏州民人张应兆、吕文彩等先后上控易武土弁伍廷荣、曾字识、王从五、陈继绍等，年来诡计百出，伙党暴虐，额外科派各情一案，缘张应兆、吕文彩等，均系籍石屏州于乾隆五十四年前，宣究招到文彩等父叔辈，栽培茶园，代易武赔纳。贡典，给有招牌已今多年，无谓前茶价稍增，科派尤轻可以营生，近因茶价低贱，科派微重，张应兆等即以前情赴宪辕卖控，奉扎下府，遵即移案，证遂一查讯，条款内辅土弁字识等折收。

贡茶，系奉思茅厅谕该首目，以二水充抵头水茶，本年剖银三百两，系买补头水茶，嗣后二水行禁革。易武私设行具，讯系管押罪人，但不得妄拿无辜，其抽收地租仍照旧例。易武一案，上纳土署银二钱，以作土官办公养膳，一钱存寨内办公。如该土弁赴江、赴思夫马照旧应办，仍邦供顿银三十两，自曼秀至曼乃各寨，仍照旧上纳土署银三钱，赴江、赴思夫马供顿使费，以及吃茶四担，各寨採茶银十两，祭龙猪四口，水火夫一名，永行禁革。易武土弁，因公出入夫，不得过二十名，马不得过十匹，该土弁无事不得出寨，及黑夜行走，遇有公件许用火把夫二名，马一匹。如遇江上派钦，仍照通山分剖，由思由江回署，各首目拴线，只许用鸡酒，镯听其民，便不得苛索，酒课（每年每个瓶子）上纳三分，不许任意派收，又加派茶价银五两减免，不得派收。该土弁有事需银借贷，听其民便，不得逼借。至通山应办江干银三百三十三两三钱三分零，差脚尾巴银三十三两三钱三分零，照旧办理，责成各寨客会收祭通山站所听其民自裁。又李洲、李增弟兄三十七两，讯系李洲畏烟瘴，央王从五等雇人抵李洲赴江工银，黄金熔银二十两，钱四千文，讯系因张占甲板扯张义成银四十两，讯系因使大等子，又贾小四诈车上驷银十两，讯系因张应兆父子住宿车上驷家，车上驷畏罪给贾小四之项均已罚入庙内，修庙修路。并将土差贾小四责惩，俱已遵断具结存案，请免置议缘奉。

批饬理合，请讯断缘由具文详请

宪台府赐查核批示销隶，实为公便等性奉

批查此案，既经该署府提集原被人讯断明确，两造俱已久服。如祥准其销案，叩即查照，并移思茅厅知照，此缴等因奉此，当经移知前厅饬遵办理在案，兹奉批前因合再录看，移知为此。合关贵厅查照迅即扎饬该土弁遵办，毋得玩违。该民人等，亦毋得借词藐玩，均于查究切切须至关者。

道光十七年十二月十二日移思至十二月十七日，扎饬易武内云该土弁，得再行违断监派，并将遵断缘由先行据实禀覆核夺，奈王从五、陈继绍硬不代禀，恐日久仍蹈前辙，因立碑为记。

道光十八年岁在戊戌孟冬月望十日张应兆同合寨立。

我之所以说这一勒碑事件，颇有人性之光，因为从碑文中可以看出，茶商活命，常为地方土官盘剥，是以张应兆约同吕文彩上控。没想到这一民告官的案件，竟以民胜诉而告终。更让人惊喜的是，张应兆勒石立碑，将案情广昭天下，文中不乏贬官之语，土官们也让这碑留存了下来。当然，这块石碑的价值远远不拘于此，它所陈情的茶山之乱和茶市之艰，其实还预示了随之而来的古六大茶山的灭顶之灾。在本书中，我曾列举了莽枝山和革登山形成空寨的时间，也就是道光皇帝驾崩的道光三十年前的二三年。道光年间的瘟疫扫荡六山，六山元气大伤。此碑乃道光十八年所立，说的是人祸，殊不知天灾亦到。人性之光难救，势也；唐鲁孙能喝到此时的普洱茶，亦恐是天下唯一得益的人了，一如在瘟疫中得利的医生。

从私小的角度看，“茶案碑”一如后来白云洞中的小官们的题壁诗词，都可划入“耻辱碑”范畴。再联想到“保卫普洱茶研讨会”，倒也希望人们立一方耻辱碑，说清楚“保卫”的缘由，也证实几个“裸泳”之人，以碑而示，但求普洱茶多舛之命得以吉祥。

七

在今天的普洱茶界，易武七子饼，形质都受追捧，究其原因，有原料和工艺之功，亦有包装之力。也就是说，全赖代代相传的悠久的制茶文化。这里，借此说说团饼或饼茶的包装史。明代《万历野获编》记载，明太祖朱元璋灭元得天下之后，因为团茶制造的费时费力，遂下令废止制造团茶。而在之前，特别是宋代，茶多为团茶，其包装，梅尧臣诗《吕晋叔著作遗新茶》说："每饼包青蒻，红签缠素荣"；周密的《乾淳岁时记》说到北苑贡茶，亦言："借以青蒻"；陈櫰的《负喧野录》说藏墨之法，亦云："藏墨当以茶蒻包之。"明代顾元庆的《茶谱》也说："茶宜蒻叶而畏香药，喜温燥而忌冷湿。故收藏之家，以蒻叶封裹而入焙中，两三日一次用火，当如人体温。温则御湿润，若火多则茶焦不可食。"那什么是"蒻叶"呢？《辞源》云："蒻，蒲蒻也，即香蒲之嫩者。"这说明，在宋代，包裹团茶的是香蒲之叶，且主要目的是防湿气，怕茶叶受潮。有意思的是，在明代以后，人们言及包装茶叶，已经很少见到"蒻"，而成了"箬"或"篛"，"箬"与"蒻"本是一个字，宋代《广韵》："箬，竹箬。"但也就因这一变化，加之民国十四年柴萼所撰的《梵天卢丛录》云："普洱茶产云南普洱山。性温味厚，坎夷所种，蒸制以竹箬成团裹，产易武倚邦者尤佳，价等兼金。品茶者谓之比龙井，犹少陵之比渊明。识者韪之。"一些日本的汉学家，就将普洱茶的包装认定为是借鉴了团茶的包装，且认为此法太粗糙，没了香蒲的柔软与高贵。

日本人之说，很多立场都源于其茶风茶道，在引用柴萼之语时，往往也只看"竹箬"二字，而不接后文。在柴氏的文字中，用普洱茶与龙井相比，就像拿杜甫与陶渊明作比较，评价极高，而且普洱茶的价格两倍于黄金。茶之优劣当然不能看包装，但我一直认为，若以香蒲包普洱，犹如用竹箬包龙井，都可笑至极。普洱茶，从种到质，都与作为其子孙的中原茶大异其趣，其质、其形、其味，以及其清、其正、其和，本就源于竹筒茶这一古之法的血脉演绎，用文献中的杂说来推测当时仍是附属小国的茶品乃是沿袭中土，是因为茶叶常识的缺失所致。

易武抑或倚邦，以及云南广大的普洱茶产区，以竹箬裹茶，我宁愿相信乃是自然的造化和促成，尽管我也实在找不到此法源于何时的记载。或片或饼，普洱茶可溯至唐代，用什么包装，谁也讲不清，但把清代的七子饼视为竹箬包装的起始时间，也无依据，且不合常理。不过，在这儿，具体的时间是次要的，关键是只要我们觉得普洱茶的外运史有多久远，这种包装就可能有多久远，因为竹箬的防潮功能和茶山竹箬俯拾皆是，远不足以让我们的祖先形成智障而视而不见。如其久远，竹箬之美，就有了光阴之美；如其只是昨天才用此法，它亦美轮美奂，至少是自然之美，在异化纷纷的年代，以大地的名义，向人们呈现出了一种动人心魄的力量！

在易武和倚邦徘徊了多年，我最大的遗憾就是没有到过曼松。王梓先老人在接待我的诗人朋友朱零时说，基诺茶香高，回甘好；革登茶最香，喝到口中柔度饱和；莽枝茶柔和静养，与人体最和谐；倚邦茶有百花香，喉韵十足；蛮砖茶香味特殊，有樟香亦有蜜香；易武茶蜜香浓郁，回甘最快。六山之茶，总的来说，协调性、和谐之美，堪称茶中之冠，但是，他说，曼松的茶则是皇冠上的明珠，不仅色、香、味三绝，而且非常耐泡，一泡茶可以取汤近百次而不淡，它的另一个显著特点是，不管你泡多久，不取汤，它也不会形成“茶锈”。

曼松现在产茶多少？象明乡政府的统计表上，空白。砍伐茶树的利斧，40 年后，生锈了；烧焚茶树的大火，40 年后，熄灭了。我期待着茶园恢复的那一天，但是，在这片多灾多难的土地上，除了它的子民们在矢志努力外，似乎有更多的外部世界的声音，始终在阻止。还是那句话：我始终弄不明白，古代的朝廷尚且敢于费尽移山之功，修路至此而取茶，今天，我们才喝了几口，为什么就有那么多的反对之声？也许，以前的凋敝，更多的是源于瘟疫，今天，古六大茶山的命运，又将执于谁手呢？

后记

2000年出版《普洱茶记》一书后，我就不再书写有关普洱茶的文字，尽管这些年来，我一直在云南的山川之间行走，当然也就避不开长着茶树的山和飘着茶香的村寨。期间，经历了普洱茶正常的沉寂期和正常的暴热期，也包括目前正经历的正常的“洗牌期”。这次重新捉笔，目光投向茶山，并写下这些文字，全赖朋友们的再三敦促。不过，让我下定决心写作此书，更强的动力则源于一些媒体对普洱茶的不实报道和恶意攻讦，以及一些所谓专家的摇唇鼓舌、一派胡言。我爱云南这座伟大的高原，心胸的狭窄导致我很难容忍自古以来就存在着的汉文化的安边陋习。不知道是谁赋予了某些人强势的话语权，让他们得以斜眼看云南以及和云南一样的广阔的边疆地区。

我不想神话普洱茶，也从来没有如此做过。那些时候，有“专家”满世界布道，说他动一下唇，就可以品出任何一款普洱茶的年份及出产地，我放言，就让他来品一下我自藏的那些茶吧，若像他所言，全部奉送。我等了这么多年，他还没来。

按照世风，再基于当下的茶市混乱，我的这本书理应多些粉饰，可我还是选择了真实。这种真实，不指向厂家和茶品，甚至连茶人也很少涉及，它只关注茶山的历史和文化以及现状。很难做到如果我是一个神灵派来的手术师，我只想切开古茶山的血管，让人们看看它的血液。这方中土人士几千年来皆视为畏途的土地，孕育普洱茶，耗尽的岂止于生命，还有梦想，以及一个个不知飘荡于何方的部族和家族……

成得书，得到了我所尊重的师长王梓先、彭哲和我的朋友刘铖、王智平、陈洁、杨小兵、张宏林、小白、崔琳、陶志强、岩布勐等人的大力协助，在此致谢，并希望此书中的观念不会给他们带来意外的影响。

雷平阳

乙未春重修于昆明

主要参考书目

[1] 勐腊县志编纂委员会. 勐腊县志[M]. 昆明：云南人民出版社，1994.

[2] 勐腊县人民政府. 勐腊县地名志[E]. 1988.

[3] 景洪县人民政府. 景洪县地名志[E]. 1985.

[4] 尤中. 云南民族史[M]. 昆明：云南大学出版社，1985.

[5] 李根源辑.永昌府文征[M]. 昆明：云南美术出版社，2001.

[6] 王懿之. 云南上古文化史[M]. 昆明：云南美术出版社，2002.

[7] 李贽. 焚书 · 后焚书[M]. 北京：中华书局，1975.

[8] 詹英佩. 古六大茶山[M]. 昆明：云南美术出版社，2006.

[9] 张岱辑. 夜航船[M]. 成都：四川文艺出版社，2002.

[10] 青木正儿. 中华名物考[M]. 范建明，译. 北京：中华书局，2005.

[11] 西林. 残照记[M]. 天津：天津人民出版社，2007.

[12] 政协西双版纳州民族文史资料工作委员会. 版纳文史资料选辑4[E]，1988.

[13] 唐鲁孙. 大杂烩[M]. 桂林：广西师大出版社，2004.

[14] 赵瑛. 布朗族文化史[M]. 昆明：云南民族出版社，2001.

[15] 樊绰. 云南志补注[M]. 木芹，校注. 昆明：云南人民出版社，1995.

[16] 刘怡，白忠明. 基诺族文化大观[M]. 昆明：云南民族出版社，1999.

[17] 黄桂枢. 普洱茶文化大观[M]. 昆明：云南民族出版社，2005.

[18] 张增祺. 云南冶金史[M]. 昆明：云南美术出版社，2000.

[19] 陈文修. 景泰云南图经志书校注[M]. 李春龙，刘景毛，校注. 昆明：云南民族出版社，2002.

图书在版编目（CIP）数据

八山记 / 雷平阳著. -- 重庆：重庆大学出版社，2018.10
ISBN 978-7-5689-0829-0

I.①八… II.①雷… III.①茶文化-云南
IV.①TS971.21

中国版本图书馆CIP数据核字（2017）第253598号

八山记

BASHANJI

雷平阳 著

策　　划：重报图书
责任编辑：张锦涛
责任校对：张红梅
责任印刷：邱　瑶
装帧设计：何海林
摄　　影：许云华　雷平阳

重庆大学出版社出版发行
出版人：易树平
社址：重庆市沙坪坝区大学城西路21号
邮编：401331
电话：(023) 88617190 88617185（中小学）
传真：(023) 88617186 88617166
网址：http://www.cqup.com.cn
全国新华书店经销
重庆巍承印务有限公司印刷

开本：787mm×1092mm 1/16 印张：13.25 字数：168千
2018年10月第1版 2018年10月第1次印刷
ISBN 978-7-5689-0829-0 定价：59.80元